Shahide Dehghan
Hoosein Norouzi
Hossein Gholami

Energia limpa e construção sustentável

Shahide Dehghan
Hoosein Norouzi
Hossein Gholami

Energia limpa e construção sustentável

ScienciaScripts

Imprint
Any brand names and product names mentioned in this book are subject to trademark, brand or patent protection and are trademarks or registered trademarks of their respective holders. The use of brand names, product names, common names, trade names, product descriptions etc. even without a particular marking in this work is in no way to be construed to mean that such names may be regarded as unrestricted in respect of trademark and brand protection legislation and could thus be used by anyone.

Cover image: www.ingimage.com

This book is a translation from the original published under ISBN 978-620-7-84187-5.

Publisher:
Sciencia Scripts
is a trademark of
Dodo Books Indian Ocean Ltd. and OmniScriptum S.R.L publishing group

120 High Road, East Finchley, London, N2 9ED, United Kingdom
Str. Armeneasca 28/1, office 1, Chisinau MD-2012, Republic of Moldova, Europe
Printed at: see last page
ISBN: 978-620-7-89271-6

Energia limpa e construção sustentável

Shahide Dehghan[1] , Hoosein Norouzi[2], Hossein Gholami[3]

[1]Departamento de Geografia, Secção de Najafabad, Universidade Islâmica Azad, Najafabad, Irão

[2] Departamento de Engenharia Civil, Isfahan (Khorasgan) Branch, Islamic Azad University, Isfahan, Irão

[3]Departamento de Engenharia Civil, Isfahan (Khorasgan) Branch, Islamic Azad University, Isfahan, Irão

2024

Conteúdo

Prefácio

Atualmente, a escassez de combustíveis fósseis e a poluição ambiental causada pelo seu consumo é um dos maiores problemas das sociedades humanas; ao mesmo tempo, com o consumo cada vez maior de energia, a utilização da energia radiante do sol e do vento tornou-se a líder das energias disponíveis para a humanidade; porque é de fácil acesso e a sua quantidade é ilimitada. Além disso, a utilização destas energias não polui de forma alguma o ambiente, sendo por isso designada por energia limpa ou energia verde, que é uma energia nova e um património valioso para as gerações futuras. Com base nisto, a arquitetura sustentável e a utilização de novas energias ganharam especial importância a nível mundial. O facto de serem limpas, de não produzirem poluição e de serem baratas pode ser considerado como os dois principais indicadores da produção de novas energias; de modo que estas energias têm sido capazes de preencher o vazio das energias fósseis em muitos locais devido à sua elevada eficiência. medida que a tecnologia continua a avançar e as sociedades de todo o mundo se orientam para fontes de energia mais limpas e mais sustentáveis, o papel da engenharia civil na criação e manutenção de infra-estruturas energéticas torna-se cada vez mais importante. A indústria da construção desempenha um papel fundamental na construção do nosso futuro sustentável e a adoção de fontes de energia renováveis garante um ambiente mais verde e mais resistente. A intersecção entre a energia e a construção abre infinitas oportunidades de inovação e progresso. Com estes benefícios em mente, os promotores podem tomar decisões informadas que aumentam o bem-estar ambiental e os seus resultados. A incorporação de energias renováveis nos projectos de construção não só proporciona benefícios ambientais, como também promove a eficiência energética, a poupança de custos, aumenta a adoção de energias renováveis e conserva os recursos naturais.

Introdução

Em geral, as fontes de energia renováveis, como a energia solar, eólica e hidroelétrica, são consideradas sustentáveis. No entanto, certos projectos de energias renováveis, como a desflorestação para a produção de biocombustíveis, podem provocar danos ambientais semelhantes ou mesmo piores do que a utilização de energia proveniente de combustíveis fósseis. A energia limpa e sustentável ou energia verde é a chamada energia que tem as duas características seguintes, muito importantes e vitais: Em primeiro lugar, as fontes da sua criação são o resultado de um processo contínuo no nosso ambiente que se repete e acontece naturalmente. A segunda é o facto de ser isenta de qualquer tipo de poluição e de não emitir poluição e gases com efeito de estufa. Portanto, duas vantagens muito importantes e vitais, ou seja, o facto de serem inesgotáveis (sustentáveis) e amigas do ambiente (limpas), são as razões para este tipo de fontes de energia. São conhecidas como energias limpas e estáveis ou energias renováveis. A conceção e a construção de centrais eléctricas requerem a competência de engenheiros civis especializados em infra-estruturas energéticas. A relação simbiótica entre a engenharia civil e as centrais eléctricas realça o papel fundamental dos engenheiros na criação de fontes de energia sustentáveis e fiáveis. Os engenheiros civis avaliam a topografia, a geologia e o clima para selecionar os locais mais adequados para as centrais eléctricas. Esta análise ajuda a maximizar o potencial de produção de energia e a minimizar os impactes ambientais. As estruturas das centrais eléctricas devem resistir a condições extremas e a tensões operacionais. Os engenheiros civis asseguram a resistência e a flexibilidade dos edifícios, tendo em conta as potenciais catástrofes naturais e a sustentabilidade a longo prazo. O transporte eficiente de eletricidade é essencial para o bom funcionamento de uma central eléctrica. Os engenheiros civis concebem estruturas de apoio e redes eléctricas para minimizar a perda de energia durante o transporte e contribuir para a eficiência energética global. Ao integrar as infra-estruturas de energias renováveis nas suas competências, os engenheiros civis ajudam a desenvolver um sector energético mais sustentável e amigo do ambiente. As tecnologias de energias renováveis, como a solar e a eólica, estão a emergir rapidamente como alternativas sustentáveis às fontes de energia tradicionais. Os parques solares e as turbinas eólicas necessitam de fundações estáveis para suportar as suas estruturas.

Corpo do texto

Os engenheiros civis asseguram a integridade das fundações tendo em conta factores como as condições do solo, os padrões de vento e a estabilidade a longo prazo. A integração de fontes de energia renováveis nas redes eléctricas existentes requer um planeamento e uma coordenação eficazes. Os engenheiros civis desempenham um papel importante na otimização das ligações e na gestão dos fluxos de energia, assegurando uma transição perfeita para um sistema de rede mais ecológico. Os engenheiros civis avaliam os potenciais impactos ambientais dos projectos de energias renováveis para atenuar quaisquer impactos negativos nos ecossistemas locais. Isto ajuda a criar um equilíbrio entre a produção de energia e a conservação dos recursos naturais. Através da sua abordagem holística, os engenheiros civis têm um impacto nas infra-estruturas energéticas e tornam-nas mais eficientes, expansíveis e adaptáveis às necessidades futuras. A engenharia civil abrange não só as centrais eléctricas individuais, mas também as infra-estruturas que as rodeiam. Os engenheiros civis trabalham na integração de tecnologias inteligentes na rede eléctrica que permitem a monitorização da energia em tempo real, a gestão da carga e a resposta à procura. Estes sistemas optimizam o consumo de energia, reduzem o desperdício e melhoram a eficiência global. O armazenamento adicional de energia é fundamental para as fontes renováveis. Os engenheiros civis ajudam a projetar e a construir instalações de armazenamento de energia, tais como armazenamento de água por bombagem ou parques de baterias, para garantir uma utilização eficiente da energia e a estabilidade da rede. Os engenheiros civis também se dedicam a melhorar as infra-estruturas de transporte para apoiar o sector da energia. O desenvolvimento de estações de carregamento de veículos eléctricos e a conceção de sistemas de transporte energeticamente eficientes minimizam o consumo de energia e contribuem para um futuro sustentável. Maximizar a eficiência energética na construção através de tecnologias renováveis com a preocupação com a sustentabilidade e a redução do impacto ambiental, a adoção de tecnologias renováveis tornou-se um aspeto essencial da construção moderna. As seguintes abordagens da era da engenharia civil explicam como a eficiência energética na construção conduziu a um boom neste domínio. As tecnologias renováveis estão a ganhar popularidade devido aos seus benefícios, tanto em termos de redução das emissões de carbono como de poupança de custos a longo prazo. As tecnologias renováveis aproveitam a energia de fontes como a energia solar, eólica e geotérmica, que são abundantes e se reabastecem naturalmente. Ao utilizar estes recursos, os projectos de construção podem reduzir significativamente a sua dependência dos combustíveis fósseis tradicionais. O sector da construção é responsável por uma parte significativa das emissões de carbono a nível mundial. No entanto, ao incorporar tecnologias renováveis, os projectos podem reduzir drasticamente a sua pegada de carbono e contribuir para um futuro mais verde. Embora o investimento inicial em tecnologias renováveis possa ser mais elevado, as poupanças são significativas. A longo prazo, o custo é compensado. Com o aumento dos preços da energia, a utilização de fontes de energia renováveis pode ajudar os projectos de construção a tornarem-se energeticamente mais eficientes e rentáveis ao longo do tempo. Os sistemas solares fotovoltaicos (PV) convertem a luz solar em eletricidade e constituem uma fonte de energia limpa. E proporcionam abundância para os projectos de construção. Ao instalar painéis solares nos telhados e ao utilizar a energia solar para os sistemas de aquecimento e arrefecimento, os edifícios podem reduzir significativamente o consumo de energia. Com a energia solar, reduz-se o consumo de eletricidade e os custos de manutenção. A incorporação da energia solar nos projectos de construção não só reduz os impactos ambientais, como também resulta em poupanças de custos energéticos a longo prazo. A utilização de turbinas eólicas permite que os projectos de construção produzam eletricidade limpa e renovável. A energia eólica é especialmente adequada para projectos de grande escala, como edifícios altos e infra-estruturas, onde existe espaço suficiente para a instalação. A energia excedente pode ser armazenada ou devolvida à rede, proporcionando benefícios financeiros adicionais. A incorporação da energia eólica permite que os projectos de construção beneficiem de uma fonte de energia poderosa e sustentável, reduzindo a sua dependência das redes eléctricas tradicionais. Maximizar a eficiência energética na construção através de tecnologias renováveis Com um enfoque na sustentabilidade e na redução dos impactos ambientais, a adoção de tecnologias renováveis tornou-se um aspeto essencial da construção moderna. As seguintes abordagens da era da engenharia civil explicam como a eficiência energética na construção conduziu a um boom neste domínio. As tecnologias renováveis estão a ganhar popularidade devido aos seus benefícios, tanto em termos de redução das emissões de carbono como de poupança de custos a longo prazo. Seguem-se algumas das principais razões pelas quais estas tecnologias estão a crescer: Fontes de energia sustentáveis: As tecnologias renováveis retiram energia de fontes como a energia solar, eólica e geotérmica, que são abundantes e se reabastecem naturalmente.

Reduzir a pegada de carbono: O sector da construção é responsável por uma parte significativa das emissões de carbono a nível mundial. No entanto, ao incorporar tecnologias renováveis, os projectos podem reduzir drasticamente a sua pegada de carbono e contribuir para um futuro mais verde. Poupança de custos: Embora o investimento inicial em tecnologias renováveis possa ser mais elevado, estas oferecem poupanças de custos significativas a longo prazo. Com o aumento dos preços da energia, a utilização de fontes de energia renováveis pode ajudar os projectos de construção a tornarem-se energeticamente mais eficientes e rentáveis ao longo do tempo. Passemos agora a algumas das novas tecnologias renováveis que estão a revolucionar a indústria da construção. Mencionamos: Energia solar: os sistemas solares fotovoltaicos (PV) convertem a luz solar em eletricidade e fornecem uma fonte de energia limpa e abundante para projectos de construção. Ao instalar painéis solares nos telhados e ao utilizar a energia solar para os sistemas de aquecimento e arrefecimento, os edifícios podem reduzir significativamente o consumo de energia. Com a energia solar, reduz-se o consumo de eletricidade e os custos de manutenção. A incorporação da energia solar nos projectos de construção não só reduz os impactos ambientais, como também permite poupar nos custos de energia a longo prazo. Turbinas eólicas: A utilização de turbinas eólicas permite que os projectos de construção produzam eletricidade limpa e renovável. A energia eólica é especialmente adequada para projectos de grande escala, como edifícios altos e infra-estruturas, onde existe espaço suficiente para a instalação. A energia excedente pode ser armazenada ou devolvida à rede, proporcionando benefícios financeiros adicionais. A incorporação da energia eólica permite que os projectos de construção tirem partido de uma fonte de energia poderosa e sustentável e reduzam a sua dependência das redes eléctricas tradicionais. Energia geotérmica: As bombas de calor geotérmicas aproveitam a temperatura constante do solo para regular as temperaturas interiores e fornecer sistemas de aquecimento e arrefecimento aos edifícios. Ao fornecer calor a partir do solo, os projectos de construção podem reduzir o consumo de energia e as emissões de carbono. Em comparação com os sistemas tradicionais de aquecimento e arrefecimento, os sistemas geotérmicos requerem mais manutenção e têm uma vida útil mais longa. A energia geotérmica oferece uma solução fiável e amiga do ambiente para a construção de edifícios energeticamente eficientes.

Os benefícios e as consequências futuras da utilização de tecnologias renováveis na construção trazem muitos benefícios tanto para o ambiente como para o próprio sector. Alguns desses benefícios são os seguintes: Facturas de energia mais baixas: A incorporação de tecnologias renováveis ajuda a reduzir o consumo de energia, resultando em facturas de serviços públicos mais baixas para os proprietários e inquilinos dos edifícios. Desenvolvimento sustentável: Ao reduzir a dependência de fontes de energia não renováveis. Os projectos de construção com tecnologias renováveis contribuem para um futuro mais sustentável e preservam recursos valiosos para as gerações futuras. Oportunidades de mercado inovadoras: A procura de construção sustentável e energeticamente eficiente está a crescer rapidamente. Ao adotar tecnologias renováveis, as empresas de construção podem obter uma vantagem competitiva e entrar em novos segmentos de mercado. As implicações futuras da eficiência energética através das tecnologias renováveis são significativas. Porque, de acordo com os relatórios estatísticos do sector, temos Consequentemente, maximizar a eficiência energética na construção através de tecnologias renováveis é uma situação vantajosa para todos. Estas tecnologias não só reduzem as emissões de carbono e contribuem para um ambiente mais verde, como também proporcionam poupanças de custos significativas e novas oportunidades de mercado para o sector da construção. Com o foco global na sustentabilidade, a integração de tecnologias renováveis tornou-se essencial para qualquer projeto de construção que pretenda prosperar no futuro. Uma das vantagens mais importantes da utilização de energias renováveis na construção é a redução significativa das emissões de gases com efeito de estufa. A construção tradicional depende fortemente dos combustíveis fósseis, que libertam dióxido de carbono (CO_2) e outros gases nocivos para a atmosfera. Ao adotar as energias renováveis, como os painéis solares e as turbinas eólicas, os projectos de construção podem reduzir significativamente a sua pegada de carbono e diminuir o impacto do aquecimento global. Alguns dos principais benefícios são os seguintes: As energias renováveis reduzem as emissões de CO_2 e diminuem a dependência dos combustíveis fósseis. Os painéis solares e as turbinas eólicas podem ser integrados na conceção dos edifícios para gerar eletricidade limpa. Utilização de fontes de energia As energias renováveis ajudam a combater as alterações climáticas e a reduzir a pegada de carbono global dos projectos de construção. A utilização de tecnologias de energias renováveis na construção melhora a eficiência energética, resultando em poupanças de custos a longo prazo. De acordo com o Departamento de Energia dos EUA, os edifícios consomem cerca de 50% da energia mundial. Ao utilizar práticas de eficiência energética combinadas com fontes de energia renováveis, como sistemas de aquecimento e arrefecimento geotérmico ou isolamento de alto desempenho, os projectos de construção podem reduzir drasticamente o consumo de energia. Os principais benefícios incluem: Os edifícios energeticamente eficientes reduzem os custos de funcionamento e as facturas de energia para os ocupantes do edifício. A utilização de energias renováveis pode ajudar a conseguir edifícios com zero eletricidade da rede. As tecnologias de energias renováveis são frequentemente comparadas com os sistemas convencionais. Os sistemas tradicionais têm custos de manutenção mais baixos e uma vida útil mais longa. O papel das energias renováveis nos projectos de engenharia civil. À medida que a tecnologia continua a avançar e as sociedades de todo o mundo se orientam para fontes de energia mais limpas e mais sustentáveis, o papel da engenharia civil na criação e manutenção de infra-estruturas energéticas é muito importante. a ser A indústria da construção desempenha um papel fundamental na criação do nosso futuro sustentável e a adoção de fontes de energia renováveis garante um ambiente mais verde e mais resistente. A intersecção entre a energia e a construção abre oportunidades infinitas para a inovação e o progresso. Com estes benefícios em mente, os promotores podem tomar decisões informadas que aumentam o bem-estar ambiental e os seus resultados. A incorporação de energias renováveis nos projectos de construção não só proporciona benefícios ambientais, como também melhora a eficiência energética, poupa dinheiro, aumenta a aceitação das energias renováveis e preserva os recursos naturais. Neste artigo, analisaremos o lugar das energias renováveis na engenharia civil. Nesta secção, discutimos o seu impacto na eficiência energética da construção, bem como as suas mais recentes abordagens e benefícios ambientais. Nesta secção, os activistas das escolas técnicas analisarão o impacto significativo da engenharia civil nas infra-estruturas energéticas e a forma como abre caminho para um futuro mais verde. A conceção e a construção de centrais eléctricas requerem a competência de engenheiros civis especializados em infra-estruturas energéticas. . A relação simbiótica entre a engenharia civil e as centrais eléctricas realça o papel fundamental dos engenheiros na criação de fontes de energia sustentáveis e fiáveis. Estes especialistas analisam vários factores para garantir uma eficiência e um desempenho ideais, alguns dos quais são enumerados a seguir: Considerações sobre o local: Os engenheiros civis têm em conta a topografia, a geologia e o clima para selecionar o local mais adequado para as centrais eléctricas. avaliar Esta análise ajuda a maximizar o potencial de produção de energia e a minimizar os impactos ambientais. Integridade estrutural: As estruturas das centrais eléctricas têm de suportar condições extremas e tensões operacionais. Os engenheiros civis asseguram a resistência e a flexibilidade dos edifícios, tendo em conta potenciais catástrofes naturais e a sustentabilidade a longo prazo. Transmissão de energia: O transporte eficiente de eletricidade é essencial para o bom funcionamento de uma central eléctrica. Os engenheiros civis concebem estruturas de apoio e redes eléctricas para minimizar a perda de energia durante o transporte e contribuir para a eficiência energética global. Ao integrar as infra-estruturas de energias renováveis nas suas competências, os engenheiros civis ajudam a desenvolver um sector energético mais sustentável e amigo do ambiente. As tecnologias de energias renováveis, como a solar e a eólica, estão a emergir rapidamente como alternativas sustentáveis às fontes de energia tradicionais. Entre as funções e os papéis dos engenheiros civis no desenvolvimento e na implementação de infra-estruturas de energias renováveis, podem ser mencionados os seguintes: Projeto de fundações: Os parques solares e as turbinas eólicas necessitam de fundações estáveis para suportar as suas estruturas. Os engenheiros civis asseguram a integridade das fundações, tendo em conta factores como as condições do solo, os padrões de vento e a estabilidade a longo prazo. Integração na rede eléctrica: A integração de fontes de energia renováveis nas redes eléctricas existentes requer um planeamento e uma coordenação eficazes. Os engenheiros civis desempenham um papel importante na otimização das ligações e na gestão dos fluxos de energia, garantindo uma transição perfeita para um sistema de rede mais ecológico. Avaliação do impacto ambiental: Os engenheiros civis avaliam os potenciais impactos ambientais dos projectos de energias renováveis para atenuar quaisquer impactos negativos nos ecossistemas locais. Isto ajuda a encontrar um equilíbrio entre a produção de energia e a conservação dos recursos naturais. A integração de sistemas de energias renováveis em projectos de construção exige o cumprimento de vários regulamentos, autorizações e códigos de construção. Os promotores têm de navegar num cenário complexo de políticas para garantir a conformidade e evitar atrasos nos projectos. A este respeito, devem ser consideradas as seguintes estratégias: pesquisar e compreender plenamente os regulamentos locais e nacionais que regem as instalações de energias renováveis. interagir com as autoridades e organizações locais para obter as licenças e certificados necessários. cooperar com profissionais experientes que estão no terreno. Apesar dos desafios, a integração das energias renováveis nas práticas de construção sustentável oferece enormes benefícios para um mundo mais verde e mais sustentável. Ultrapassar os custos de investimento inicial, as limitações de espaço, as questões de compatibilidade e a conformidade regulamentar são passos fundamentais para um futuro mais sustentável. Com as estratégias correctas, colaboração e determinação, a indústria da construção pode ultrapassar com sucesso estas barreiras e abrir caminho para uma revolução das energias renováveis no ambiente construído. Este título examina algumas das mais recentes inovações em energias renováveis para a construção sustentável e destaca as suas características, benefícios e pontos-chave. Uma das fontes de energia renovável mais utilizadas na construção é a energia solar. Os painéis solares convertem a luz do sol em eletricidade e reduzem a dependência dos combustíveis fósseis. À medida que a tecnologia avança e os custos diminuem, os painéis solares tornaram-se mais eficientes e acessíveis, o que os torna uma opção popular para projectos de construção sustentável. Outra fonte de energia renovável que está a ganhar popularidade na construção sustentável é a energia eólica. As turbinas eólicas geram eletricidade utilizando a energia do vento. Podem ser instaladas em estaleiros de construção, edifícios ou locais offshore com velocidades de vento elevadas para gerar energia limpa e sustentável. A energia eólica é uma alternativa rentável e amiga do ambiente às fontes de energia tradicionais. De acordo com o Conselho Mundial de Energia Eólica, prevê-se que a capacidade de produção de energia eólica atinja 1000 GW até 2020, o que realça o seu rápido crescimento no mercado global da energia. A energia geotérmica utiliza o calor armazenado na crosta terrestre para gerar eletricidade. Implica a perfuração de um poço e a extração de água quente ou vapor que é convertido em eletricidade. Os sistemas geotérmicos podem aquecer e arrefecer edifícios de forma eficiente, tornando-os ideais para projectos de construção sustentável. A energia geotérmica é uma fonte de energia fiável e estável que não é afetada pelas condições meteorológicas. Espera-se que o mercado global de energia geotérmica cresça a um CAGR de 8,5% entre 2021 e 2026, indicando a sua importância crescente no sector das energias renováveis. A energia da biomassa proveniente de materiais orgânicos, tais como resíduos de madeira, resíduos agrícolas ou produtos energéticos dedicados à produção de calor ou eletricidade. Na construção, as caldeiras de biomassa e os sistemas de co-geração são normalmente utilizados para fornecer aquecimento e água quente aos edifícios. A energia da biomassa é uma alternativa renovável e neutra em termos de carbono aos combustíveis fósseis. De acordo com a Biomass Energy Association, nos Estados Unidos, a biomassa fornece mais energia do que a energia eólica e solar combinadas, o que realça a sua importância no conjunto das energias renováveis. A energia hidroelétrica utiliza água corrente ou em queda para gerar eletricidade. Os projectos de construção utilizam frequentemente sistemas hidroeléctricos de pequena escala, como microturbinas ou instalações a fio de água, para satisfazer de forma sustentável as necessidades energéticas. A energia hidroelétrica é uma fonte de energia limpa e renovável que não produz quaisquer emissões directas. De acordo com a Associação Internacional de Energia Hidroelétrica, a energia hidroelétrica é responsável por cerca de 16% da produção mundial de eletricidade, o que a torna a principal fonte de energia renovável. . A inclusão de fontes de energia renováveis em projectos de construção sustentável é necessária para reduzir os impactos ambientais e diminuir a dependência de fontes não renováveis. A energia solar, a energia eólica, a energia geotérmica, a energia de biomassa e a energia hidroelétrica oferecem alternativas viáveis, cada uma com as suas próprias características e benefícios. Ao adotar estas inovações, a indústria da construção pode contribuir para um futuro mais sustentável, reduzindo simultaneamente os custos operacionais e aumentando a eficiência energética. A utilização de energia limpa é muito importante para o desenvolvimento sustentável e para a redução dos efeitos negativos no ambiente. Devido ao aumento da população e ao crescimento industrial, a necessidade de energia aumentou, o que provocou um aumento da poluição do ar, da água e do solo. A este respeito, a energia limpa e óptima pode ser uma solução ecológica para satisfazer as necessidades energéticas. A utilização de energia limpa pode reduzir a poluição atmosférica, reduzir as emissões de gases com efeito de estufa e melhorar a qualidade de vida humana. Por exemplo, a utilização de energia solar, eólica, hídrica e geotérmica pode ser utilizada como alternativa aos combustíveis fósseis. O desenvolvimento ambiental também desempenha um papel importante na utilização óptima das energias limpas. Esta abordagem é eficaz na conceção e construção de edifícios ecológicos e amigos do ambiente, utilizando novas tecnologias e optimizando o consumo de energia. Por exemplo, a redução do consumo de energia nos sistemas de iluminação e de ar condicionado, a utilização de sistemas de produção de energia solar e de turbinas eólicas, bem como a otimização da utilização de fontes de energia no interior dos edifícios, permitirão poupar energia de forma significativa. Agora, no que diz respeito à energia limpa com uma abordagem ambiental, questões como quais são os componentes efectivos da energia limpa no desenvolvimento ambiental? Como é que a energia limpa melhora o status quo? Considerando que a energia limpa e o desenvolvimento ambiental são muito importantes, examinar e aplicar os princípios do desenvolvimento ambiental na conceção e construção de edifícios e na utilização de energia limpa pode ser uma solução eficaz para reduzir os efeitos negativos no ambiente e suprir as necessidades energéticas. As práticas de construção sustentável tornaram-se cada vez mais populares no sector da construção devido às preocupações com os impactos ambientais e à necessidade de uma utilização eficiente dos recursos. Os métodos de construção sustentável podem ser atribuídos à utilização de materiais e métodos que não têm um impacto destrutivo no ambiente e são eficientes em termos de recursos em todo o ciclo de vida de um edifício, desde a conceção à construção, operação, manutenção, renovação, etc. O objetivo das práticas de construção sustentável é minimizar o impacto ambiental do processo de construção através da redução dos resíduos, da poupança de energia e da redução das emissões de gases com efeito de estufa. Ao adotar práticas de construção sustentável, os construtores podem reduzir a quantidade de resíduos de construção que acabam em aterros e minimizar a libertação de poluentes nocivos para o ambiente. Por exemplo, a utilização de sistemas de iluminação, aquecimento e arrefecimento energeticamente eficientes pode reduzir significativamente o consumo de energia e as emissões de gases com efeito de estufa. Os métodos de construção sustentáveis podem ajudar a minimizar os resíduos e a reduzir a necessidade de processos de manutenção e reparação. Caros, ajudam a reduzir os custos de construção. Ao utilizar materiais de construção sustentáveis, como materiais reciclados ou mais duradouros, os construtores podem poupar dinheiro e recursos a longo prazo. Além disso, a utilização de sistemas energeticamente eficientes pode reduzir significativamente as facturas de energia e poupar nos custos de eletricidade. Os métodos de construção sustentáveis podem ajudar a melhorar a saúde e o conforto dos ocupantes dos edifícios. Utilizando materiais naturais como a madeira ou a pedra, os construtores podem criar um ambiente interior mais saudável e mais confortável. Além disso, a utilização de telhados verdes ou a plantação de vegetação adequada à volta dos edifícios pode melhorar a qualidade do ar e reduzir o risco de problemas respiratórios. Nas práticas de construção sustentável, a utilização de materiais de qualidade, resistentes à água e às intempéries e ao desgaste, contribui para a durabilidade do edifício. Além disso, ao utilizar técnicas e materiais de construção eficientes, os construtores podem reduzir a necessidade de reparações e manutenção dispendiosas e aumentar o tempo de vida do edifício. Um dos principais desafios das práticas de construção sustentável são os custos iniciais mais elevados associados à utilização de materiais e sistemas de construção sustentáveis. Por exemplo, a utilização de janelas energeticamente eficientes ou com isolamento térmico pode custar mais do que os materiais tradicionais. No entanto, estes custos são frequentemente compensados por custos mais baixos a longo prazo, como a redução das facturas de energia e dos custos de manutenção. Outro desafio das práticas de construção sustentável é a disponibilidade limitada de materiais de construção sustentáveis. Embora a procura de materiais sustentáveis esteja a aumentar, muitos destes materiais ainda não estão amplamente disponíveis e são algo difíceis de utilizar pelos fabricantes. Além disso, alguns materiais sustentáveis podem não ser adequados para certos tipos de edifícios ou climas, o que limita a sua utilização. Os métodos de construção sustentável requerem conhecimentos e formação especializados, o que pode ser um problema para os construtores que utilizam estes métodos. Eles não sabem que isso pode ser um desafio. Os construtores podem ter de investir na formação ou na contratação de pessoal especializado, o que pode aumentar os custos e tornar o processo de construção um pouco mais complicado. Os métodos de construção sustentável estão frequentemente sujeitos a requisitos e normas regulamentares, o que pode complicar ainda mais o processo de construção. Os construtores podem ter de cumprir regulamentos ambientais, códigos energéticos ou normas de certificação de edifícios ecológicos, o que pode aumentar os custos e exigir tempo e recursos adicionais. Muitos deles, incluindo a redução dos impactes ambientais, permitem reduzir os custos, melhorar a saúde e o conforto e aumentar a durabilidade dos edifícios para os residentes e os construtores. No entanto, estes métodos também apresentam vários desafios, tais como custos iniciais mais elevados, acesso limitado a materiais sustentáveis, falta de conhecimentos e de formação e desafios regulamentares. Para ultrapassar estes desafios, os fabricantes devem manter-se empenhados na sustentabilidade e investir na educação, na investigação e no desenvolvimento; para se manterem actualizados sobre as mais recentes práticas e técnicas de construção sustentável. Ao efetuar estes processos, podem criar edifícios que não só são ambientalmente sustentáveis, mas também eficientes, duradouros e confortáveis para os ocupantes. Uma das nossas necessidades actuais é dispor de um espaço para aprender novas tecnologias de arquitetura no mundo. Ao conceber um parque museológico para arquitectos, é possível dar um passo importante no sentido da formação contínua em arquitetura, familiarizando os arquitectos e incentivando-os tanto quanto possível no domínio das novas tecnologias. Um dos objectivos mais importantes dos museus hoje em dia é a preservação O valor é a educação. Ao conceber o parque museológico para a arquitetura, é possível fazer um certo esforço no sentido da educação dos arquitectos e dos entusiastas. como se viu anteriormente, é eficaz e muito importante. O princípio da poupança de recursos (Economia de Recursos) trata, por um lado, da utilização adequada dos recursos não renováveis e da energia, como os combustíveis fósseis, para reduzir o consumo e, por outro, do controlo e da utilização dos recursos naturais, que são considerados reservas renováveis e duradouras. É possível poupar energia e conceber um edifício inteligente recorrendo a novas soluções. Uma das formas mais utilizadas e comuns de utilização da energia solar é a utilização de sistemas fotovoltaicos na arquitetura, incluindo a combinação deste sistema com edifícios sob a forma de "edifícios unitários com energia fotovoltaica". Uma das nossas necessidades actuais é dispor de um espaço de aprendizagem das novas tecnologias de arquitetura no mundo. Ao conceber um parque museológico para arquitectos, é possível dar um passo importante no sentido da formação contínua em arquitetura, familiarizando os arquitectos e encorajando-os, tanto quanto possível, no domínio das novas tecnologias. Um dos objectivos mais importantes dos museus hoje em dia é a preservação O valor é a educação. Ao conceber o parque museológico para a arquitetura, é possível fazer um certo esforço no sentido da educação dos arquitectos e dos entusiastas. como se viu anteriormente, é eficaz e muito importante. O princípio da poupança de recursos (Economia de Recursos) trata, por um lado, da utilização adequada dos recursos não renováveis e da energia, como os combustíveis fósseis, para reduzir o consumo e, por outro, do controlo e da utilização dos recursos naturais, que são considerados reservas renováveis e duradouras. É possível poupar energia e conceber um edifício inteligente recorrendo a novas soluções. Uma das formas mais utilizadas e comuns de utilização da energia solar é a utilização de sistemas fotovoltaicos na arquitetura, incluindo a combinação deste sistema com edifícios sob a forma de "edifícios unitários com energia fotovoltaica". O colecionismo é natural numa pessoa, e o gosto e o gosto pelo colecionismo estarão, sem dúvida, sempre com ela. Na nossa sociedade moderna, o museu representa a institucionalização da tendência geral para colecionar. O museu, na sua forma atual, foi fundado por Ptolomeu, em Alexandria, no final do século III a.C. Mas na Idade Média, devido ao domínio da Igreja e da Inquisição, o papel educativo dos museus diminuiu. Com o início do Renascimento e o florescimento das ciências, os museus iniciaram as suas actividades em paralelo com o crescimento e o desenvolvimento de várias ciências. Durante os séculos XIX e XX, a expansão dos museus fez com que a educação fosse reconhecida como uma das funções do museu e a atividade em vários domínios da arte, da cultura e da educação no museu tornou-se cada vez mais frutuosa. São agora os anos dourados da arquitetura dos museus no mundo. As obras arquitectónicas dos museus do mundo são feitas com mais reflexão e esforço de pensamento e reflexão. Os novos museus são concebidos de forma a poderem aceitar mais visitantes e criar mais tração, bem como atrair mais atenção para si próprios. O museu sempre foi um centro cultural e de investigação, mas agora, para além de tudo isso, é um centro de encontro, de aprendizagem artístico-cultural, um centro de venda de objectos feitos ou impressos pelos museus, bem como uma boutique, um anfiteatro, um restaurante e uma maior utilização da tecnologia sonora. E é a imagem. Na conceção dos museus, há mais possibilidades de inovação e criatividade do que noutros edifícios, o valor artístico da sua arquitetura é também mais elevado. Na nova arquitetura do museu, o volume externo do museu é muito importante, e não é apenas o seu uso interno que recebe atenção, e as pessoas também prestaram mais atenção à sua arquitetura e à sua arquitetura interna, para além dos objectos do museu. O objetivo da criação de um museu de ciência e tecnologia é também a expansão e a difusão da cultura científica ao nível da sociedade. A atenção dada aos museus como símbolo cultural tem uma longa história; embora a sua fundação tenha sofrido alterações significativas ao longo do tempo, os museus continuam a ser centros fundamentais que desempenham um papel significativo na educação e no enriquecimento cultural. Uma das deficiências que se pode observar na nossa arquitetura atual é a falta de um centro especializado em arquitetura. Esse centro pode ser adequado para reunir arquitectos, entusiastas e estudantes de arquitetura. Este centro pode ser um local para a realização de conferências de arquitetura, reuniões especializadas, análise e revisão de obras de arquitetura do mundo, conceção e realização de concursos de arquitetura, familiarização com novas tecnologias de design, planeamento e organização de festivais de cinema de arquitetura. Este local pode também tentar preservar e manter obras arquitectónicas valiosas, bem como as obras de grandes arquitectos. Além disso, neste centro, pode-se tentar realizar pesquisas sobre as necessidades actuais da arquitetura do país e encontrar soluções para elas. Para dar um pequeno passo neste campo, pensei em conceber um museu chamado Park Museum of Architectural Science and Technology. Neste museu, para além da parte importante que visa o ensino da ciência e da tecnologia da arquitetura, existe também uma parte dedicada à manutenção e ao arquivo especializado de obras de arquitetura. Um dos objectivos mais importantes do projeto é responder às necessidades acima mencionadas. Mas o seu outro objetivo é a utilização de novas tecnologias de poupança de energia na conceção e construção deste museu. No nosso país, devido à existência de uma enorme fonte de energia solar, é necessário explorar ao máximo esta energia. A utilização desta energia renovável é muito razoável e é possível explorá-la na maior parte do Irão. A necessidade de um tal museu (que, para além da função de museu que preserva as obras de grandes arquitectos, incluindo: folhas de arquitetura, esboços preliminares, modelos de volume, imagens e vídeos, para além da função de educação, que é um dos Os objectivos importantes dos museus de hoje são muito sentidos. Os espaços deste museu incluem a biblioteca especializada, o instituto de investigação em arquitetura, o anfiteatro, salas polivalentes para a realização de conferências e reuniões de arquitetura, galerias. Destacou a parte educativa e a preservação e manutenção das obras dos arquitectos. Na situação atual, o papel recreativo dos museus transforma-se gradualmente num papel educativo e científico. Os museus aperceberam-se de que não são apenas responsáveis pela recolha e registo da preservação de antiguidades e bens requintados, mas também pela sua apresentação. Além disso, uma vez que é da sua responsabilidade atrair e cativar as pessoas, devem preparar diferentes programas educativos de acordo com a idade e os conhecimentos dos visitantes (utilizando todos os serviços educativos). O entretenimento e a educação são muito importantes, porque mostram as questões biológicas e naturais de perto às pessoas. A caraterística importante destes museus é o facto de o público em geral poder beneficiar da sua visita. Ao realizar investigação nova e actualizada e ao proporcionar uma plataforma de reflexão mútua e de troca de opiniões, este museu pode criar unidade entre arquitectos e profissionais da arquitetura, por um lado, e encontrar soluções arquitectónicas construtivas, por outro. Embora o Irão seja considerado um dos países mais ricos em petróleo do mundo e possua enormes recursos de gás natural, felizmente, devido à intensidade do sol na maior parte das áreas do país, à implementação de projectos solares obrigatórios e à possibilidade de utilizar energia solar em cidades e sessenta mil aldeias. Espalhada por todo o país, pode trazer poupanças significativas no consumo de petróleo e gás. A simplicidade da tecnologia, a não poluição do ar e do ambiente e, sobretudo, a poupança de combustíveis fósseis para as gerações futuras, ou a sua transformação em materiais e artefactos valiosos através de técnicas petroquímicas, são as principais razões que revelam a necessidade da utilização da energia solar no nosso país. A conversão da energia solar é desejável sob qualquer forma, mas as possibilidades económicas de diferentes planos devem ser cuidadosamente avaliadas. Atualmente, é tecnologicamente possível utilizar a energia térmica do sol para aquecer as habitações. Do ponto de vista económico, devido ao aumento constante do preço dos combustíveis fósseis e de outras fontes de energia e aos esforços dos especialistas em reduzir o custo das matérias-primas e do equipamento necessário para recolher o calor e os raios solares, tem incentivado os investigadores e cientistas a estudar e otimizar os sistemas solares e a fazer progressos importantes. A energia é a capacidade e a capacidade de realizar trabalho pelo homem ou por outros organismos. O trabalho é chamado a fonte de energia. De um ponto de vista científico, a energia pode ser definida da seguinte forma: energia é a quantidade de capacidade que é consumida num determinado tempo para uma tarefa. Esta definição pode ser demonstrada pela seguinte relação: quando pegamos em coisas do chão ou abrimos uma porta ou escrevemos algo ou andamos de bicicleta, utilizámos força (energia). A energia pode ser vista na natureza sob diferentes formas: energia eólica, energia dos combustíveis vegetais, energia da terra, energia nuclear, energia do hidrogénio, energia radiante e energia sonora e energias combinadas que podem ser uma combinação de qualquer força com outras forças. De acordo com as previsões dos cientistas e da Agência Internacional de Energia, a procura de consumo e de produção de energia no futuro também aumentará rapidamente e será preocupante. Assim, de 1998 a 2010, a procura mundial de eletricidade atingirá 20 582 terawatts, com um aumento de 30%, e 27 326 terawatts, com um aumento de 50%. Por outro lado, de acordo com estudos científicos, a energia eólica fornecerá 20% da eletricidade mundial até 2040. O Irão tem sempre programas nacionais especiais no domínio da energia, tendo em conta a sua extensão geográfica e diversidade ambiental. Energia solar: em dias de sol, o espaço no interior dos edifícios é aquecido. O calor no interior dos edifícios, provocado pela penetração da energia radiante do sol através dos vidros das janelas, actua como uma estufa e impede que o calor saia para o exterior, aquecendo a divisão. Além disso, a energia solar aquece as paredes e a parte superior do telhado. Este tipo de aquecimento é designado por aquecimento indireto do sol. Energia vegetal combustível: As plantas verdes convertem a energia luminosa em energia química durante o processo de fotossíntese. As queimaduras das plantas podem ser convertidas em líquido, álcool e gases como o metano. Estes combustíveis são mais eficientes do que a madeira. Porque são muito menos fonte de energia e ocupam menos espaço. Os animais obtêm os alimentos de que necessitam através das plantas. O combustível vegetal é indestrutível. Energia eólica: É possível produzir eletricidade a partir da energia eólica. Quando o ar no solo está frio, o ar contrai-se e desce, mas quando o ar está quente, o ar expande-se e sobe. Assim, o ar quente sobe e o ar frio substitui-o. E isto é ar em movimento, provocado pelo sol, a que se chama vento. Energia hídrica: A água é utilizada para fazer funcionar máquinas. Os moinhos de água são construídos junto ao rio. Uma parte do caudal do rio é dirigida através de um tubo para as turbinas de água, que as accionam, e a eletricidade é produzida devido à rotação das turbinas de água, que estão ligadas aos geradores. É adequado construir uma barragem em locais com declives acentuados ou vales altos. Vantagens da energia hídrica: As turbinas hidráulicas não utilizam qualquer combustível e não produzem qualquer poluição. Energia nuclear: Em 1896, a energia nuclear foi descoberta por um cientista chamado Henry Becquerel. Atualmente, existem cerca de 420 centrais nucleares, um quarto das quais se situa na América. Nesta central, a eletricidade é produzida a partir do calor do combustível nuclear. A única diferença entre uma central nuclear é o tipo de combustível e a forma como é aquecido. Os combustíveis fósseis, por exemplo, têm de ser queimados para libertar a energia armazenada. Mas nas centrais nucleares produzem energia sem serem queimados.Energia térmica da Terra: A energia térmica da Terra é o calor que existe naturalmente sob o solo e que pode ser convertido em energia eléctrica. A eletricidade obtida desta forma é chamada energia geotérmica. Energia fóssil: Há menos de 150 anos, começaram as primeiras tentativas de extração industrial de petróleo. A invenção do automóvel e a sua popularidade no início do século XX aumentaram a dependência do petróleo. A eclosão da Guerra Mundial de 1914 a 1918 tornou clara a importância do controlo dos recursos petrolíferos. Os produtos petrolíferos, como a gasolina e o gasóleo, são utilizados para fazer funcionar os motores de combustão interna. Energia do carvão e do gás: O carvão é utilizado em fábricas e locomotivas. Há cerca de 3000 anos, os chineses utilizavam o carvão para produzir cobre. 7 séculos mais tarde, os gregos e os romanos começaram a utilizar o carvão. A investigação mostra que os primeiros habitantes da Grã-Bretanha utilizavam o carvão muito antes de os romanos terem invadido esta terra em 55 a.C. A energia solar é a fonte de energia renovável mais única do mundo e é a principal fonte de toda a energia na Terra. A Terra está localizada a uma distância de 150 milhões de quilómetros do Sol e são necessários 8 minutos e 18 segundos para que a luz solar chegue à Terra. Por conseguinte, a quota-parte da Terra na receção de energia do Sol é uma pequena quantidade da sua energia radiante total. A fonte de todas as diferentes formas de energia conhecidas até à data, incluindo (combustíveis fósseis armazenados no solo, energia eólica, quedas de água, ondas do mar, etc.) disponíveis no planeta é o Sol. A energia do Sol, tal como outras energias, pode ser direta ou indiretamente utilizada sob outras formas. O Irão, com cerca de 300 dias de sol por ano, é um dos melhores países do mundo em termos de potencial de energia solar. Tendo em conta a localização geográfica do Irão e a dispersão das aldeias no país, a utilização da energia solar é um dos factores mais importantes a ter em conta. A utilização da energia solar é uma das melhores formas de fornecimento de eletricidade e de produção de energia, em comparação com outros modelos de transporte de energia para as aldeias e zonas remotas do país, em termos de custos, transporte, manutenção e factores semelhantes. De acordo com as normas internacionais, se a energia radiante média do sol for superior a 305 quilowatts-hora por metro quadrado (3500 watts/hora) durante o dia, a utilização de modelos de energia solar, como os colectores solares ou os sistemas fotovoltaicos, é muito económica e rentável. Em muitas partes do Irão, a energia radiante do sol é muito superior a esta média internacional. Em alguns locais, foi medida até mais de 7 a 8 quilowatts-hora por metro quadrado, mas, em média, a energia radiante do sol na superfície do Irão é de cerca de 405 quilowatts-hora por metro quadrado. Sem dúvida, com o progresso da ciência, da tecnologia e da indústria no século passado, a humanidade conseguiu obter diferentes energias fósseis. Nas últimas décadas, foram tomadas medidas eficazes para utilizar energias limpas em substituição dos combustíveis fósseis, pelo que os tipos de energias limpas que a humanidade planeou podem ser descritos da seguinte forma. Ziz expressou...

1- Utilização da energia solar: Neste método, o calor do sol é convertido em eletricidade através da utilização de painéis solares e baterias solares.

2- Utilização da energia térmica da terra: através da utilização da energia térmica do interior da terra e da água quente e do vapor de água no interior da terra, foi produzida por geradores eléctricos em movimento.

3- Utilização da energia nuclear, energia atómica: que obtém uma energia enorme e útil a partir de uma pequena quantidade de combustível atómico. Alguns países ocidentais e europeus produzem mais de 50% da sua energia através deste método.

4- Utilização da energia eólica: Através da utilização da energia eólica, os grandes geradores eólicos produzem cristais, que são exemplos de moinhos de vento desde a antiguidade.

5-Produção de energia a partir das correntes de maré: com este método, foram construídas barragens na foz dos rios e em locais adequados, onde, durante as marés altas, as turbinas são postas em movimento pelo fluxo de água para produzir eletricidade.

6- Produção de energia a partir das ondas do mar: Com o movimento da água no seu lugar, a subida e descida da água pode fazer falhar os geradores.

7-Produção de energia a partir da água (hidroeletricidade): através da construção de barragens nos rios em zonas montanhosas e da queda da água à altura das turbinas, produz-se eletricidade.

8- Produção de energia a partir do gás natural: através da utilização e purificação do gás natural, este pode ser utilizado como energia limpa nas habitações e como combustível para os automóveis.

Com o progresso da ciência, da indústria e da tecnologia no século passado, o homem conseguiu obter todo o tipo de energias e utilizá-las no seu ciclo de vida, embora na última década tenha chegado à conclusão de que, para obter energia no seu ciclo de vida, as energias limpas podem ser substituídas por energias fósseis e poluentes como o carvão, o petróleo e os seus derivados, etc. Por isso, os países europeus e ocidentais avançados puderam dar passos positivos nesta direção.

O nosso querido país, o Irão, devido à sua situação natural e climática, e devido às duas enormes cadeias montanhosas de Zagros e Alborz, às montanhas centrais, às vastas planícies e ao deserto central, e aos enormes recursos de petróleo e gás, às águas quentes regionais e aos ventos e correntes constantes. As inundações em algumas zonas e a luz solar direta na maior parte dos meses do ano podem produzir todo o tipo de energia limpa. Estes enormes recursos potenciais existem na maior parte do nosso país. Por conseguinte, com planeamento, investimento e esforços dos cientistas e engenheiros do país e uma gestão capaz, estes enormes recursos e a riqueza dada por Deus podem ser utilizados como energia limpa.

Os tipos de energia limpa que podem ser utilizados em todas as partes do nosso país podem ser divididos da seguinte forma. No entanto, na província de Khorasan-Razavi, de acordo com a localização natural das cidades, é possível planear várias energias limpas.

Tipos de energia limpa:

Produção de eletricidade a partir de barragens - Produção de eletricidade a partir do vento - Produção de eletricidade a partir de combustível nuclear - Produção de eletricidade a partir da energia solar - Produção de energia a partir do gás natural - Produção de eletricidade a partir das marés - Produção de energia a partir do calor do solo e...

Considerando os vários métodos de obtenção de energia limpa, é necessário planear a este respeito e tomar medidas com uma gestão forte e capaz neste vale. Felizmente, as autoridades do nosso país chegaram a esta conclusão e continuam a fazê-lo com as infra-estruturas básicas e, num futuro próximo, obtendo todos os tipos de energia limpa que as pessoas poderão utilizar na sua indústria e no seu ciclo de vida. Por isso, é necessário referir como obter diferentes tipos de energia limpa.

Energia: A energia é necessária quando uma força precisa de se deslocar e percorrer uma distância que é necessária para realizar o trabalho. Por conseguinte, a energia pode ser definida como a capacidade de efetuar trabalho. A unidade de medida da energia é o Joule. A energia não se perde e a sua soma ou quantidade total nunca se altera, mas é transformada de uma forma para outra.

A maior parte da energia que consumimos tem origem no Sol e é produzida por fusão nuclear, chegando à Terra sob a forma de luz. A luz solar aquece a superfície da Terra e a atmosfera, e as plantas utilizam-na no processo de fotossíntese para armazenar energia sob a forma química. A energia geotérmica é obtida a partir da energia térmica armazenada na terra (durante a sua formação). A energia nuclear também provém da energia armazenada em átomos pesados que se formaram há milhões de anos.

A) Energia solar:

Todo o calor que aquece a Terra e torna possível a vida nela provém da energia nuclear no centro do Sol. A uma temperatura de cerca de 15 milhões de graus Celsius, os átomos de hidrogénio combinam-se para formar átomos de hélio, que permanecem estáveis mesmo a esta temperatura.

Esta "fusão nuclear" está associada à produção de uma enorme energia que mantém o centro ou núcleo do Sol quente e que, lentamente, se dirige para a superfície do Sol.

Segundo os cálculos dos cientistas, a energia que ilumina atualmente a superfície do Sol foi produzida há cerca de um milhão de anos e, durante todo este tempo, atravessou a camada de "isolamento" que cobre o núcleo. A Terra recebe apenas cerca de um ou dois bilionésimos da energia emitida pelo Sol. Mas se pudéssemos converter nem que fosse uma pequena parte desta quantidade em eletricidade, utilizando baterias solares, ou utilizar painéis solares para produzir água quente, o problema da escassez de energia ficaria resolvido para sempre.

O acesso dos países em desenvolvimento a novos tipos de fontes de energia é de importância fundamental para o seu desenvolvimento económico, e novas investigações mostraram que existe uma relação direta entre o nível de desenvolvimento de um país e o seu consumo de energia. Tendo em conta as reservas limitadas de energia fóssil e o nível crescente de consumo de energia no mundo atual, já não é possível depender das fontes de energia existentes.

Em Khosharma, devido à necessidade crescente de fontes de energia e à diminuição das fontes de energia fóssil, à necessidade de manter o ambiente saudável, de reduzir a poluição atmosférica, às limitações do fornecimento de eletricidade e de combustível às zonas e aldeias remotas, etc., a energia eólica, a energia solar, o hidrogénio, a energia do interior da terra podem ocupar um lugar especial. Novas fontes, tais como: energia eólica, energia solar, hidrogénio, energia do interior da terra podem ter um lugar especial.

Hoje em dia, as crises políticas e económicas e questões como a limitação da durabilidade das reservas fósseis, as preocupações ambientais, o congestionamento da população, o crescimento económico e a taxa de consumo são temas do mundo, que, com todo o seu alcance, levam os pensadores a encontrar as soluções certas para resolver os problemas. A energia no mundo, especialmente as crises ambientais, tem estado ocupada. É óbvio que hoje em dia, o apoio económico e político dos países depende da sua produtividade a partir de recursos fósseis, e o esgotamento dos recursos fósseis não é apenas uma ameaça para a economia dos países exportadores, mas também uma grande preocupação para o sistema económico das nações importadoras. . Os proprietários de recursos fósseis devem saber, de forma realista, que a sua extração de recursos fósseis hoje exigirá menos produtividade amanhã e, em última análise, o esgotamento dos seus recursos num período de tempo mais curto.

Felizmente, a maior parte dos países do mundo apercebeu-se da importância e do papel das diferentes fontes de energia, especialmente das energias renováveis (novas), na satisfação das necessidades actuais e futuras, e continuam a fazer investigação extensiva e investimentos fundamentais no desenvolvimento da exploração destes recursos. Considerando estas tendências básicas e crescentes no campo da utilização de energias renováveis e tecnologias relacionadas nos países industrializados e em desenvolvimento no Irão, é necessário desenvolver estratégias e programas fundamentais e básicos.

A tendência global em prestar atenção à exploração das energias renováveis e às consequências ambientais tem exigido que muitas organizações e centros no Irão estejam interessados em implementar projectos neste campo, embora tais actividades sejam necessárias e eficazes, mas será que estas medidas estão de acordo com o planeamento básico e a investigação, são realizadas a nível nacional, ou são passivas e esporádicas, delegadas de forma independente e implementadas aleatoriamente. É por isso que muitos desafios e questões para justificar e defender o desenvolvimento das energias renováveis no Irão continuam sem resposta.

É óbvio que um tal processo de desenvolvimento não será correto e sustentável sem um plano abrangente e moderno. A formulação de uma estratégia global para uma melhor eficiência energética no país requer uma compreensão completa da situação atual e uma determinação precisa da sua situação óptima em todas as direcções.

Espera-se que, com o desenvolvimento da utilização de energias limpas na República Islâmica do Irão, de acordo com os resultados apresentados nesta tese e com base numa estratégia e num programa escritos, muitos desafios possam ser identificados e soluções adequadas possam ser escolhidas e explicadas. Espera-se que o processo de trabalho apresentado possa responder a questões importantes como:

1- A quantidade de potencial de cada uma das fontes de energia renováveis no Irão;

2- Identificação e seleção de áreas adequadas (pesquisa de locais);

3- Uma visão codificada para o futuro das energias renováveis (especialmente a energia limpa do hidrogénio) no Irão;

4- justificação económica em função de vários factores;

5- Planeamento, método e capacidade de investimento, reconhecendo a prioridade para cada uma das energias renováveis;

6- Um programa escrito para o desenvolvimento de tecnologias conexas no Irão;

7- A capacidade e a aptidão do sucessor; e ser reativo.

Atualmente, as consequências da intervenção humana no ambiente são mais evidentes do que nunca. O conceito de desenvolvimento é sinónimo de proteção do meio natural e do ambiente, e nos indicadores económicos das contas nacionais, como o produto interno bruto, os recursos naturais e ambientais também são considerados.

A energia é uma necessidade básica para a continuação do desenvolvimento económico, o abastecimento e o fornecimento de bem-estar e conforto da vida humana. Atualmente, o consumo mundial de energia é de 10 Gtoelyr (equivalente a 10 mil milhões de toneladas de petróleo bruto por ano) e prevê-se que estes valores aumentem para 12 e 14 Gtoelyr em 2010 e 2020, respetivamente. Estes números mostram que a quantidade de consumo mundial de energia será enorme no próximo século e, naturalmente, a questão importante é saber se as fontes de energia fóssil irão satisfazer as necessidades energéticas do mundo para a sobrevivência, evolução e desenvolvimento no próximo século. Pelo menos por três razões principais, a resposta a esta pergunta é negativa e as novas fontes de energia devem ser substituídas por fontes antigas. Estas razões incluem: a limitação e, ao mesmo tempo, a qualidade das energias fósseis, que logicamente têm melhores utilizações do que a combustão, bem como questões e problemas ambientais, pelo que, atualmente, a manutenção da saúde da atmosfera é uma das condições prévias mais importantes para o desenvolvimento económico global sustentável. Hoje em dia, devido ao crescimento da população e ao desenvolvimento industrial, há uma necessidade crescente de energia, especialmente de energia eléctrica, que é uma das energias mais limpas e pode ser facilmente convertida noutras energias e pode ser transferida, distribuída e utilizada e, por outro lado, é a base do progresso e da indústria no mundo. A maior parte das pessoas considera que, hoje em dia, a energia eléctrica está ligada às suas vidas e que é difícil viver sem ela. Por outro lado, não é fácil obter uma energia tão limpa e importante porque a produção desta energia requer a disponibilidade de fontes de energia. Por outro lado, estas energias são limitadas e estão na posse de países limitados, e os seus preços aumentam de dia para dia, e mesmo para as obter, por vezes são travadas guerras sangrentas entre os proprietários desta energia e os seus principais consumidores, e o exemplo claro disto é a guerra americana. Por outro lado, são limitadas e esgotáveis, e essas próprias energias podem ser convertidas noutros materiais valiosos, que são muito mais caros e valiosos, e a sua utilização para produzir eletricidade é poluente para o ambiente. Isto torna claro que se deve pensar noutras energias inesgotáveis. Como sabem, a fonte de energia do sol é a energia mais fiável que existe há milhares de milhões de anos, e enquanto a energia do sol existir, o mundo existe, e se um dia a energia do sol se esgotar, não importa. Não é, porque já não vai ser Giti, e esta questão também remete para a energia do sol, e tal como a energia do sol, se acabar, já não interessa, porque já não há vida que precise de energia, e a energia do vento é assim, que é o que vamos falar aqui. Vamos falar de energias fósseis e de outras energias limpas e renováveis como a energia nuclear, hídrica, eólica, solar, hidrogénio, células de combustível, geotérmica, biogás, ondas e maremotos e, tendo em conta a importância destas energias, é necessário que os intervenientes no sector da energia prestem especial atenção à sua utilização e invistam neste sector. Alguns podem pensar que estas energias não são económicas e isso deve-se ao facto de nós próprios sermos produtores de energias fósseis e pensarmos que temos à nossa disposição a energia mais barata. Temos uma ideia errada e o peixe é fresco quando o tiramos da água. Se começarmos agora, não é demasiado cedo, mas também não é demasiado tarde. ser limpa e renovável. Um poço de petróleo muito grande é chamado de "elefante" na expressão da indústria petrolífera. No início dos anos 50, a cadeia de elefantes descobertos no Médio Oriente aumentou rapidamente. Desde o início da década de 1950 até ao final da década de 1960, o mercado petrolífero expandiu-se tremendamente. A onda de expansão foi tão grande que, tal como uma forte corrente submarina, empurrou para a frente quem estava encarregue do petróleo. O consumo estava a aumentar a um ritmo inimaginável após a Segunda Guerra Mundial, mas a velocidade da produção e da oferta tinha ultrapassado o consumo. O aumento da produção de petróleo bruto no mundo livre (países não comunistas e socialistas) foi enorme, passando de 7,8 milhões de barris por dia em 1948 para 42 milhões de barris em 1972.

Embora a produção dos Estados Unidos tenha aumentado de 5,5 milhões para 9,5 milhões de barris, a quota da produção global dos Estados Unidos diminuiu de 64% para 22%. A razão para tal foi o aumento da produção no Médio Oriente, que passou de 1,1 milhões para 18,2 milhões de barris por dia. As reservas provadas de petróleo no mundo não-comunista aumentaram de 62 mil milhões de barris em 1948 para 534 mil milhões de barris em 1972. As reservas dos EUA foram estimadas de 21 mil milhões de barris em 1948 para 38 mil milhões de barris em 1972, mas, estatisticamente, a quota do país na produção diminuiu de 34% para 7%. No Médio Oriente, as reservas foram estimadas de 28 mil milhões de barris para 367 mil milhões de barris. Em 1948 e 1972, em cada 10 barris de aumento de reservas, 7 barris estavam no Médio Oriente. Em 1950, estimava-se que, se a taxa atual de reservas e a quantidade de extração se mantivessem inalteradas, o mundo teria petróleo suficiente para 18 anos. Em 1972, após anos de crescimento e de aumento rápido do consumo e de uma produção caótica, a vida das reservas foi estimada em 35 anos. A ordem petrolífera do pós-guerra assentava em dois alicerces: o primeiro era constituído pelos grandes negócios dos anos 40 e o segundo pelas relações concessionais e contratuais, no centro das quais estava a partilha fifty-fifty. É claro que, do ponto de vista dos governos produtores de petróleo, a questão e o ponto de vista eram diferentes. Se não privavam as companhias, Washington e Londres dos seus direitos, porque não haviam de procurar obter mais rendimentos?

Muito provavelmente, o Xá do Irão também pensava da mesma forma. O seu objetivo era fazer do Irão uma grande potência. Procurou reduzir o poder e a autoridade das companhias operadoras, o que foi considerado um dos resultados humilhantes do seu conflito com Mossadegh, mas não podia perturbar as relações externas fundamentais e a segurança do Irão. Precisava de um acompanhante que não podia ser das grandes e independentes empresas americanas, porque todas elas estavam envolvidas no consórcio. Foi nessa altura que entrou em cena um italiano chamado "Enrico Mattei". Ele procurou formar uma grande empresa, a "Italian State Oil Company AGIP", que seria mais um meio de refletir a sua imagem. É de referir que, no final da guerra, devido às suas capacidades de gestão e políticas, foi escolhido para continuar a dirigir o Instituto Agip no norte de Itália. Seguindo o exemplo da França nos anos 20, a Itália criou uma empresa estatal de refinação para competir com as empresas internacionais. Naturalmente, para que a Agip se tornasse uma empresa maior, precisava urgentemente de dinheiro, e os fundos necessários vieram do Vale do Pó, onde existem enormes fontes de gás medicinal.

A Administração da Informação sobre Energia dos EUA publicou recentemente o relatório "International Energy Outlook 2005", ao estilo de todos os anos. O relatório que se segue apresenta os desenvolvimentos mais importantes no sector da energia.

Prevê-se que o consumo mundial de energia em 2025 aumente 57% em relação ao consumo de energia em 2002. A maior parte do crescimento do consumo mundial de energia, mencionado na previsão apresentada no "International Energy Outlook 2005", ocorre em países cujas economias estão em desenvolvimento e em rápida expansão.

No "International Energy Outlook 2005" prevê-se que a quantidade de consumo de energia no mundo aumentará 2% anualmente num período de 23 anos, ou seja, de 2002 a 2025, o que é comparado com o crescimento médio de 2,2% no intervalo Os anos 1970 a 2002 serão menores. Estima-se que o consumo total de energia no mundo aumentará de 412 quadriliões de BTU em 2002 para 553 quadriliões de BTU em 2015 e 645 quadriliões em 2025.

Espera-se que os países com elevado crescimento económico e prosperidade económica tenham o maior impacto no aumento do consumo de energia no mundo nas próximas duas décadas; de tal forma que o crescimento do consumo de energia nestes países quase duplicará até 2025. O elevado crescimento económico nestes países aumentará a procura de consumo de energia. A atividade económica, medida pelo PIB e pela paridade do poder de compra, aumentará 1,5% ao ano nos países com elevado crescimento económico. No entanto, prevê-se que a atividade económica nos países industrializados seja de 2,5% ao ano e nos países da Europa de Leste e nas repúblicas da antiga União Soviética de 4,4% ao ano. Por conseguinte, o consumo de energia nas economias avançadas do mundo ocidental e nas economias de transição do antigo Bloco de Leste será menor em comparação com os países cujas economias estão a registar um crescimento rápido e significativo. Nos países avançados e industrializados do mundo, foram criados e seguidos modelos e estruturas adequados para o consumo de energia. Estes países distanciaram-se das indústrias energéticas e voltaram-se para os serviços, pelo que se prevê que o crescimento médio da procura de energia nos países industrializados e avançados do mundo aumente 1,1% ao ano no período de 2002-2025. Neste período, prevê-se que a procura de consumo de energia nos países com elevado crescimento económico seja de cerca de 2,3%. No entanto, a previsão de um elevado crescimento económico nos países com economias de transição (países da Europa de Leste e antigas repúblicas da União Soviética) aumentará a procura de consumo de energia. Prevê-se que o crescimento do consumo de energia nas economias mencionadas seja equilibrado em certa medida, porque os países desta região reduzirão a sua intensidade energética recorrendo a métodos de poupança de energia e modernizando as suas instalações e indústrias antigas e ineficientes com novas tecnologias. A globalização pode ser considerada como um processo em que as fronteiras económicas entre os países se tornam cada vez menores e a crescente mobilidade de recursos, tecnologia, bens, serviços, capital e mesmo recursos humanos através das fronteiras se torna mais fácil. Em consequência, este fenómeno conduz a um aumento da produção e do consumo nos países. O movimento dos países em desenvolvimento no sentido da criação de um espaço económico aberto e da integração na economia global trará várias mudanças e resultados, sendo uma das mais importantes no domínio da energia. Considerando que o consumo de energia no mundo está a aumentar para acelerar o processo de industrialização e globalização de muitos países e para alcançar um maior crescimento económico, é importante examinar a relação entre a globalização e a intensidade energética. Neste sentido, o objetivo deste estudo é investigar o impacto da globalização na intensidade energética no Irão, utilizando o método ARDL e durante o período de 1358-1390. Os resultados deste estudo mostram que a globalização tem um efeito positivo e significativo na intensidade energética, pelo que o aumento desta variável está associado ao aumento da intensidade energética. Por outro lado, a eficiência energética e o preço dos vectores energéticos têm uma relação negativa com a intensidade energética, o que mostra que o aumento da eficiência energética e do preço dos vectores energéticos reduz a intensidade energética. Além disso, a produção per capita tem um efeito negativo e significativo na intensidade energética, o que indica que, com o aumento da produção, a intensidade energética diminui. Análise económica do impacto da globalização na intensidade energética no Irão

Investigação, ensaio, projeto, dissertação sobre

Investigar o impacto da globalização na intensidade energética no Irão

Para tópicos de investigação e ensaios de estudantes

Formato do ficheiro: (editável) Word

Palavras-chave: globalização - crescimento económico - preços

Para a pesquisa sobre o tema da investigação do impacto da globalização na intensidade energética no Irão, está disponível para transferência um ficheiro word pronto e editável de 143 páginas, que pode utilizar na sua investigação de estudante ou nos seus projectos e artigos de estudante. É de notar que não foi especificado o ano de preparação do artigo que examina o impacto da globalização na intensidade energética no Irão, nem o nível de estudo ou a universidade onde este tópico foi utilizado. Pode estudar e descarregar tópicos semelhantes do ficheiro de investigação sobre o impacto da globalização na intensidade energética no Irão, consultando a categoria de economia e outros materiais relacionados.

Parte do conteúdo relacionado com o conteúdo

transferência de ficheiros

Lista de síntese e fontes

Obter um mestrado no domínio da economia, com especialização em ciências económicas dezembro de 2013

Resumo

A globalização pode ser considerada como um processo em que as fronteiras económicas entre os países se tornam cada vez menores e a crescente mobilidade de recursos, tecnologia, bens, serviços, capital e mesmo recursos humanos através das fronteiras se torna mais fácil. Em consequência, este fenómeno conduz a um aumento da produção e do consumo nos países. O movimento dos países em desenvolvimento no sentido da criação de um espaço económico aberto e da integração na economia global trará várias mudanças e resultados, sendo uma das mais importantes no domínio da energia. Considerando que o consumo de energia no mundo está a aumentar para acelerar o processo de industrialização e globalização de muitos países e para alcançar um maior crescimento económico, é importante examinar a relação entre a globalização e a intensidade energética. Neste sentido, o objetivo deste estudo é investigar o impacto da globalização na intensidade energética no Irão, utilizando o método ARDL e durante o período de 1358-1390. Os resultados deste estudo mostram que a globalização tem um efeito positivo e significativo na intensidade energética, pelo que o aumento desta variável está associado ao aumento da intensidade energética. Por outro lado, a eficiência energética e o preço dos vectores energéticos têm uma relação negativa com a intensidade energética, o que mostra que o aumento da eficiência energética e do preço dos vectores energéticos reduz a intensidade energética. Também a produção per capita tem um efeito negativo e significativo na intensidade energética, o que indica que, com o aumento da produção, a intensidade energética diminui.

O termo globalização é uma das questões mais importantes do mundo contemporâneo. O processo de globalização é abrangente e tem dimensões económicas, políticas, sociais e culturais. Mas porque a sua dimensão económica tem efeitos directos na vida das diferentes sociedades, a dimensão económica ocupa uma posição central na análise da categoria globalização. Com a expansão do processo de globalização, a relação de algumas questões com este conceito mudou e estas questões precisam de uma nova compreensão e interpretação para se organizarem e reanimarem; uma destas áreas é a energia. Considerando que o consumo de energia no mundo está a aumentar, a fim de acelerar o processo de industrialização e globalização de muitos países e de alcançar um maior crescimento económico; por conseguinte, a análise do impacto da globalização na intensidade energética pode fornecer informações muito úteis aos decisores políticos nos domínios macroeconómico e energético.

Além disso, a energia, como um dos mais importantes factores de produção e como um dos produtos finais mais essenciais, ocupa um lugar especial no crescimento económico e no desenvolvimento do país. Considerando a estreita relação entre o consumo de energia e o crescimento económico no Irão, determinar a qualidade e a quantidade da relação entre estas duas variáveis pode ajudar a explicar as políticas do sector da energia. Embora mais consumo de energia indique mais desenvolvimento, a intensidade energética deve ser reduzida para um desenvolvimento sustentável, pelo que a análise do impacto da globalização na intensidade energética pode fornecer informações muito úteis aos decisores políticos nos domínios macroeconómico e energético. Nos últimos anos, a palavra globalização tem sido uma das palavras mais utilizadas no domínio das políticas económicas, culturais e políticas dos países nacionais e internacionais, bem como objeto de debates académicos e jornalísticos. A globalização pode ser considerada como um processo em que as fronteiras económicas entre países se tornam cada vez menores e a crescente mobilidade de recursos, tecnologia, bens, serviços, capital e mesmo recursos humanos através das fronteiras se torna mais fácil e, consequentemente, aumenta a produção e o consumo. Isto conduz aos países. A experiência da última década mostra que o movimento dos países em desenvolvimento no sentido da criação de um espaço económico aberto e da integração na economia mundial teve resultados diferentes. Alguns destes países conseguiram atingir taxas de crescimento económico mais elevadas utilizando adequadamente as facilidades oferecidas e encontram-se atualmente entre os países recentemente industrializados. É claro que, na maioria dos casos, um maior crescimento económico exige a utilização de mais factores de produção, entre os quais o papel da energia assume particular importância. A estreita relação da energia com a vida quotidiana das pessoas e das comunidades, bem como com a vida dos países, preocupa constantemente os governos candidatos e os governos produtores. É por esta razão que a energia tem encontrado um papel decisivo nas políticas nacionais e internacionais e tem formado padrões de competição, cooperação, conflito, agressão, interação, convergência e divergência na arena internacional e nas relações entre países e governos. Uma das mudanças importantes no domínio da energia, nas últimas décadas, é uma redução significativa da intensidade energética dos países desenvolvidos do mundo. Entre 1997 e 2007, a intensidade energética dos países membros da Organização para a Cooperação e o Desenvolvimento Económico, [1]OCDE, diminuiu 14,4%, a do Grupo dos Sete[2] 15% e a dos Estados Unidos 18,8% (Energy Information Administration[3] , 2009). No entanto, o consumo de energia nos países em desenvolvimento quadruplicou nas últimas três décadas, e espera-se que este aumento continue no futuro. Por conseguinte, o processo de globalização nos países desenvolvidos é acompanhado por um aumento da intensidade energética, pelo que é necessário aprofundar este efeito e investigar as suas razões. Um olhar sobre a tendência da intensidade energética nos países em desenvolvimento recorda-nos a necessidade de prestar mais atenção a esta variável e de examinar os factores que a afectam. Ao calcular a intensidade do consumo final de energia com base na paridade do poder de compra, o Irão não tem uma situação favorável em termos de consumo de energia para a produção de bens e serviços e é considerado um dos países com uma intensidade energética muito elevada. Assim, a intensidade do consumo final de energia no país é não só muito superior à dos países ricos em petróleo, mas também superior à de algumas regiões como a África e o Médio Oriente. Outro ponto digno de nota é que a comparação da intensidade energética no Irão e no mundo em 2010 mostra que, no caso da Arábia Saudita, este índice aumentou 128,32 toneladas de equivalente de petróleo bruto por milhão de dólares, a China 147,48, o Irão 184,85. Por outras palavras, a nível mundial, em média, foram consumidas 115,14 toneladas de petróleo bruto equivalente de energia para produzir um milhão de dólares de valor acrescentado, enquanto este valor no Irão foi mais de 1,6 vezes superior à média mundial. Em geral, a diminuição da intensidade energética nos países da América do Norte, Europa, África, Eurásia e Ásia-Pacífico, juntamente com o aumento da intensidade energética no Médio Oriente, América do Sul e América Central, deve ser analisada mais de perto. Uma das possíveis razões para o aumento da intensidade energética no Médio Oriente pode ser a transferência de indústrias de elevada intensidade energética dos países do primeiro grupo para países com ricas reservas de energia nesta região. Por conseguinte, a análise científica e lógica dos parâmetros económicos para otimizar a utilização dos recursos existentes e aumentar o valor económico criado pode ser uma solução para reduzir a intensidade energética. Mas nenhum destes estudos investigou a relação entre a globalização e a intensidade energética no Irão. De acordo com as políticas macroeconómicas do governo baseadas no aumento do crescimento económico e na presença ativa no domínio do comércio mundial, uma compreensão correcta da relação entre a intensidade energética e a globalização pode ajudar os decisores políticos a formular políticas económicas adequadas e os planeadores do sector energético a formular e implementar essas políticas e otimização O consumo de energia ajuda a alcançar um crescimento e desenvolvimento económicos sustentáveis. A redução da intensidade energética é considerada um dos objectivos de desenvolvimento dos decisores políticos e dos planeadores económicos de qualquer país. Com efeito, uma menor intensidade energética revela um menor custo ou preço de conversão da energia em produção na economia. A concretização deste objetivo só é possível se se compreender a influência dos diferentes factores e se se encontrarem soluções ponderadas. De acordo com estas questões, torna-se necessária e importante a necessidade de investigar e explicar a relação entre a globalização, a eficiência energética, o preço dos portadores de energia com a intensidade energética, a fim de orientar as políticas do sector energético para dar um passo no caminho do desenvolvimento económico. A partir do índice de preços por grosso dos combustíveis e produtos minerais é utilizado como indicador do preço dos vectores energéticos. O índice grossista, a medida da variação média dos preços dos bens nos mercados grossistas em relação ao ano de referência, é designado por índice de preços grossistas dos bens. Este índice é calculado para medir as alterações no nível geral de preços e é um gráfico das alterações de preços ao nível dos produtores e dos fornecedores em primeira mão. O crescimento económico significa um aumento da produção ou do rendimento per capita. Se a produção de bens ou serviços aumentar por qualquer meio possível num país, pode dizer-se que houve crescimento económico nesse país. Utilizamos o PIB per capita como indicador do crescimento económico. É de notar que o PIB é um dos indicadores mais importantes do desempenho económico, porque este indicador mostra a dimensão da economia de um país e a sua capacidade de produção. O PIB, por definição, é o valor total dos bens e serviços produzidos num país durante um ano. É claro que se deve notar que o nível de bem-estar e prosperidade da população de um país não é determinado apenas pelo produto interno bruto, mas por um índice melhor, o produto interno bruto per capita, que mostra a quantidade de produção de cada pessoa per capita. De facto, o bem-estar da população de um país é afetado pelo PIB e pela população desse país, o que se reflecte no PIB per capita. Desde há muito tempo que o homem pensa na utilização eficaz e útil das suas capacidades, instalações e recursos, mas no mundo industrial de hoje, esta questão tem merecido mais atenção do que nunca. Os recursos limitados de combustíveis fósseis, o aumento excessivo do consumo de energia e, consequentemente, o aumento crescente dos gases com efeito de estufa e a propagação da poluição ambiental fizeram com que a questão da redução do consumo de energia e da otimização da sua utilização fosse considerada uma das principais prioridades do sector energético do país.

Sem dúvida, o aço é um dos bens importantes e estratégicos do país e um dos bens mais importantes na indústria do país. Aumentar a eficiência e a produtividade dos factores de produção, incluindo a energia, nas fábricas de aço pode ser considerado como uma das formas de aumentar a produção e atingir a capacidade nominal das fábricas. Por conseguinte, a fim de melhorar a eficiência dos factores eficazes na produção de aço, é necessário realizar investigação aplicada de acordo com as condições e instalações do país, utilizando métodos científicos e utilizar as suas conclusões no planeamento e políticas futuras. Os economistas atribuem grande importância à produtividade e ao seu papel no desenvolvimento. A ênfase neste caso é tanta que alguns deles consideram o fenómeno do subdesenvolvimento como resultado de uma baixa taxa de produtividade [1]. Por conseguinte, esta questão mostra o lugar especial da produtividade na estratégia de desenvolvimento económico dos países, tanto a nível micro como a nível macro, e elevou-a a um ponto de vista intelectual e social e a uma cultura. Nesta perspetiva, o homem com uma atitude realista perante a vida, o seu pensamento e a sua inteligência alinham as suas actividades com os valores e as realidades, a fim de alcançar os melhores resultados na direção dos objectivos materiais e espirituais. Na situação atual, o aumento da produtividade e a utilização eficiente das instalações existentes tornaram-se mais do que uma escolha e passaram a ser uma necessidade.

A análise dos componentes do crescimento económico nos países desenvolvidos e em desenvolvimento mostra que o aumento da produtividade dos factores de produção excedeu o aumento do montante do investimento. Nalguns países, incluindo o nosso, a baixa taxa de produtividade duplicou o problema da falta de recursos para investimento[2]. Pode dizer-se que, atualmente, a produtividade se tornou a riqueza das nações e a sua melhoria contínua é reconhecida como uma condição para a sobrevivência dos sistemas[3].

Embora a energia e a mão de obra baratas estejam entre as vantagens relativas da economia do Irão, mas devido à utilização inadequada e ao desperdício destes recursos, estas vantagens não são aproveitadas.[4] Além disso, olhando para o estado do consumo de energia no Irão em comparação com outros países do mundo, a importância de prestar atenção à categoria da produtividade torna-se mais clara. A intensidade energética[5], que é a quantidade de energia consumida por unidade de produto interno bruto no sector da indústria dos países industrializados, é cerca de 50 a 70% da intensidade energética deste sector no Irão[6]. A este respeito, devido à consideração especial dada à questão da produtividade nos programas de desenvolvimento, é necessário identificar os factores que afectam o consumo do país através da realização de investigações adequadas, e através da adoção de políticas básicas e da disponibilização de estratégias adequadas, é necessário remover os estrangulamentos e os factores que inibem o crescimento da produtividade. A ênfase principal desta investigação é a implementação do modelo de melhoria da eficiência energética numa organização ou indústria, que é a indústria siderúrgica do Irão. Neste sentido, é possível dar um passo efetivo para melhorar o consumo de energia na indústria siderúrgica, identificando e classificando as soluções de melhoria. Nesta investigação, o modelo proposto abaixo (Quadro 1-1) foi experimentado na prática para melhorar a eficiência energética numa organização. Para atingir este objetivo, começa-se por identificar a indústria siderúrgica como uma das indústrias de energia intensiva do país e os factores que afectam o elevado consumo de energia nesta indústria, introduzem-se os indicadores de consumo de energia na indústria siderúrgica e determina-se a sua importância relativa utilizando técnicas relacionadas. . De seguida, as soluções para melhorar o consumo de energia na indústria siderúrgica foram identificadas utilizando as opiniões do grupo de peritos e a ajuda de experiências práticas passadas e, no final, as soluções de melhoria foram classificadas através de múltiplas técnicas de tomada de decisões para facilitar a tomada de decisões por parte da gestão da organização, e o potencial de melhoria do consumo para cada uma delas é determinado a partir das soluções. A organização estudada nesta investigação é a Iran Alloy Steel Company.

Referências

P. Pradhan, S. Panda, S. Kumar Parhi, S. Kumar Panigrahi, Factores que afectam a produção e as propriedades do betão geopolimérico auto-compactável - uma revisão, Construct. Build. Mater. 344 (2022) 128174.

Y. Wu, B. Lu, T. Bai, H. Wang, F. Du, Y. Zhang, L. Cai, C. Jiang, W. Wang, Geopolímero, material cimentício verde ativado por álcali: síntese, aplicações e desafios, Construct. Build. Mater. 224 (2019) 930-949.

P. Van den Heede, N. De Belie, Environmental impact and life cycle assessment (LCA) of traditional and 'green' concretes: literature review and theoretical calculations, Cement Concr. Compos. 34 (4) (2012) 431-442.

A.L. Almutairi, B.A. Tayeh, A. Adesina, H.F. Isleem, A.M. Zeyad, Potenciais aplicações do betão de geopolímero na construção: uma revisão, Case Stud. Constr. Mater. 15 (2021) e00733.

N. Asim, M. Badiei, M. Shakeri, Z. Emdadi, N.A. Samsudin, S. Soltani, M. Mohammad, N. Amin, Development of green photocatalytic geopolymers for dye removal, Mater. Chem. Phys. 283 (2022) 126020.

N. Asim, M. Alghoul, M. Mohammad, M.H. Amin, M. Akhtaruzzaman, N. Amin, K. Sopian, Emerging sustainable solutions for depollution: geopolymers, Construct. Build. Mater. 199 (2019) 540-548.

G. Masi, W.D.A. Rickard, M.C. Bignozzi, A. van Riessen, O efeito de fibras orgânicas e inorgânicas nas propriedades mecânicas e térmicas de geopolímeros activados com aluminato, Compos. B Eng. 76 (2015) 218-228.

T. Bai, Z. Song, H. Wang, Y. Wu, W. Huang, Avaliação do desempenho do geopolímero de metacaulim modificado por diferentes resíduos sólidos, J. Clean. Prod. 226 (2019) 114-121.

J. Davidovits, Global Warming Impact on the Cement and Aggregates Industries, 1994.

B. Ren, Y. Zhao, H. Bai, S. Kang, T. Zhang, S. Song, Geopolímero ecológico preparado a partir de resíduos sólidos: uma revisão crítica, Chemosphere 267 (2021) 128900.

H. Rahimpour, A.B. Amini, F. Sharifi, A. Fahmi, S. Zinatloo-Ajabshir, Facile fabrication of next-generation sustainable brick and mortar through geopolymerization of construction debris, Sci. Rep. 14 (1) (2024) 10914.

I. Arc, Mercado de Geopolímeros - Análise da Indústria, Tamanho do Mercado, Partilha, Tendências, Análise de Aplicações, Crescimento e Previsão 2022 - 2027, 2022.

D.B.M. Research, Global Geopolymer Market - Industry Trends and Forecast to 2028, 2021.

A.S. Albidah, Efeito da substituição parcial de materiais ligantes de geopolímero nas propriedades frescas e mecânicas: uma revisão, Ceram. Int. 47 (11) (2021) 14923-14943.

P. Cong, Y. Cheng, Advances in geopolymer materials: a comprehensive review, J. Traffic Transport. Eng. 8 (3) (2021) 283-314.

S.A. Rasaki, Z. Bingxue, R. Guarecuco, T. Thomas, Y. Minghui, Geopolímero para uso em adsorção de metais pesados e processos oxidativos avançados: uma revisão crítica, J. Clean. Prod. 213 (2019) 42-58.

M. Nawaz, A. Heitor, M. Sivakumar, Geopolímeros na construção - desenvolvimentos recentes, Construct. Build. Mater. 260 (2020) 120472.

G. Fahim Huseien, J. Mirza, M. Ismail, S.K. Ghoshal, A. Abdulameer Hussein, Geopolymer mortars as sustainable repair material: a comprehensive review, Renew. Sustain. Energy Rev. 80 (2017) 54-74.

E.E. Sanchez ' Díaz, V.A. Escobar Barrios, Desenvolvimento e utilização de geopolímeros para conversão de energia: uma visão geral, Construct. Build. Mater. 315 (2022) 125774.

D.M. Degefu, Z. Liao, U. Berardi, H. Doan, Salient parameters affecting the performance of foamed geopolymers as sustainable insulating materials, Construct. Build. Mater. 313 (2021) 125400.

H.S. Hassan, H.A. Abdel-Gawwad, S.R.V. García, I. Israde-Alc' antara, Fabrico e caraterização de espuma de geopolímero à base de cinzas de coco termicamente isolante, Waste Manag. 80 (2018) 235-240.

L. Biondi, M. Perry, J. McAlorum, C. Vlachakis, A. Hamilton, Geopolymer-based moisture sensors for reinforced concrete health monitoring, Sensor. Actuator. B Chem. 309 (2020) 127775.

J. McAlorum, M. Perry, C. Vlachakis, L. Biondi, B. Lavoie, Robotic spray coating of self-sensing metakaolin geopolymer for concrete monitoring, Autom. ConStruct. 121 (2021) 103415. M. Saafi, A. Gullane, B. Huang, H. Sadeghi, J. Ye, F. Sadeghi, compósito cimentício geopolimérico inerentemente multifuncional como armazenamento de energia elétrica e material estrutural autossensível, Compos. Struct. 201 (2018) 766-778.

F. Giacobello, I. Ielo, H. Belhamdi, M.R. Plutino, Geopolímeros e estratégias de funcionalização para o desenvolvimento de materiais sustentáveis na indústria da construção e aplicações do património cultural, Revista 15 (5) (2022) 1725.

C. Jiang, A. Wang, X. Bao, T. Ni, J. Ling, Uma revisão sobre geopolímeros em potenciais aplicações de revestimento: materiais, preparação e propriedades básicas, J. Build. Eng. 32 (2020) 101734.

M.S. Tale Masoule, N. Bahrami, M. Karimzadeh, B. Mohasanati, P. Shoaei, F. Ameri, T. Ozbakkaloglu, Lightweight geopolymer concrete: a critical review on the feasibility, mixture design, durability properties, and microstructure, Ceram. Int. 48 (8) (2022) 10347-10371.

N. Shehata, O.A. Mohamed, E.T. Sayed, M.A. Abdelkareem, A.G. Olabi, Geopolymer concrete as green building materials: recent applications, sustainable development and circular economy potentials, Sci. Total Environ. 836 (2022) 155577.

Sanjay Kumar, R. Kumar, Geopolímero: cimento para uma economia de baixo carbono, Indian Concr. J. 88 (7) (2014) 29-37.

Marita L. Berndt, J. Sanjayan, S. Foster, A. Caste, Pathways for Overcoming Barriers to Implementation of Low CO2 Concrete, Universidade de Tecnologia de Swinburne, CRC Austrália, 2013.

M. Mahboob, M. Ali, T.u. Rashid, R. Hassan, Avaliação da energia incorporada e do impacto ambiental de materiais e tecnologias de construção sustentáveis para o sector residencial 12 (1) (2021) 62.

Y.H.M. Amran, R. Alyousef, H. Alabduljabbar, M. El-Zeadani, Produção limpa e propriedades do betão de geopolímero; Uma revisão, J. Clean. Prod. 251 (2020) 119679.

K.Z. Farhan, M.A.M. Johari, R. Demirboga, ˘ Impacto dos reforços de fibra nas propriedades dos compósitos de geopolímero: uma revisão, J. Build. Eng. 44 (2021) 102628.

K. Korniejenko, M. Łach, Geopolímeros reforçados por fibras curtas e longas - materiais inovadores para fabricação de aditivos, Current Opinion Chem. Eng. 28 (2020) 167-172.

A.-G.N. Abbas, F.N.A.A. Aziz, K. Abdan, N.A.M. Nasir, G.F. Huseien, Uma revisão do estado da arte sobre compósitos de geopolímeros reforçados com fibras, Construct. Build. Mater. 330 (2022) 127187.

G. Silva, S. Kim, R. Aguilar, J. Nakamatsu, Natural fibers as reinforcement additives for geopolymers - a review of potential eco-friendly applications to the construction industry, Sustain. Mater. Technol. 23 (2020) e00132.

A. Milad, A.S.B. Ali, A.M. Babalghaith, Z.A. Memon, N.S. Mashaan, S. Arafa, N.I. Md Yusoff, Utilização de geopolímero à base de resíduos na modificação e construção de pavimentos asfálticos - uma revisão 13 (6) (2021) 3330.

M. Sumesh, U.J. Alengaram, M.Z. Jumaat, K.H. Mo, M.F. Alnahhal, Incorporation of nano-materials in cement composite and geopolymer based paste and mortar - a review, Construct. Build. Mater. 148 (2017) 62-84.

H.U. Ahmed, A.A. Mohammed, A.S. Mohammed, The role of nanomaterials in geopolymer concrete composites: a state-of-the-art review, J. Build. Eng. 49 (2022) 104062.

H. Unis Ahmed, L.J. Mahmood, M.A. Muhammad, R.H. Faraj, S.M.A. Qaidi, N. Hamah Sor, A.S. Mohammed, A.A. Mohammed, Geopolymer concrete as a cleaner construction material: an overview on materials and structural performances, Cleaner Mater. (2022) 100111.

Z. Tang, W. Li, Y. Hu, J.L. Zhou, V.W.Y. Tam, Revisão sobre concepções e propriedades de materiais multifuncionais activados com álcalis (AAMs), Construct. Build. Mater. 200 (2019) 474-489.

B. Han, L. Zhang, J. Ou, Introdução geral do betão inteligente e multifuncional, em: B. Han, L. Zhang, J. Ou (Eds.), Smart and Multifunctional Concrete towards Sustainable Infrastructures, Springer Singapore, Singapore, 2017, pp. 1-9.

M. Faustini, L. Nicole, E. Ruiz-Hitzky, C. Sanchez, História dos materiais híbridos orgânicos-inorgânicos: pré-história, arte, Sci. Adv. Appl. 28 (27) (2018) 1704158.

] B. Han, L. Zhang, J. Ou, Self-curing concrete, em: B. Han, L. Zhang, J. Ou (Eds.), Smart and Multifunctional Concrete towards Sustainable Infrastructures, Springer Singapore, Singapore, 2017, pp. 55-66.

N. Hamzah, H. Mohd Saman, M.H. Baghban, A.R. Mohd Sam, I. Faridmehr, M.N. Muhd Sidek, O. Benjeddou, G.F. Huseien, Uma revisão sobre a utilização de agentes de autopolimerização e o seu mecanismo em materiais cimentícios de elevado desempenho 12 (2) (2022) 152.

A.M. Rashad, M. Gharieb, Resolver o problema perpétuo da cura térmica de uso imperativo para o cimento geopolimérico de cinzas volantes utilizando resíduos de beterraba sacarina, Construct. Build. Mater. 307 (2021) 124902.

P. Jitsangiam, T. Suwan, P. Wattanachai, W. Tangchirapat, P. Chindaprasirt, M. Fan, Investigação de pó de forno de cal de queima dura e de queima suave como materiais alternativos para ligante ativado por álcalis curado à temperatura ambiente, J. Mater. Res. Technol. 9 (6) (2020) 14933-14943.

P. Jitsangiam, T. Suwan, K. Pimraksa, P. Sukontasukkul, P. Chindaprasirt, Desafio da adoção de geopolímeros de resistência relativamente baixa e autopolimerizáveis para aplicação na construção de estradas: uma revisão e um estudo laboratorial primário, Int. J. Pavement Eng. 22 (11) (2021) 1454-1468.

A. Karthik, K. Sudalaimani, C.T. Vijayakumar, S.S. Saravanakumar, Efeito de bio-aditivos nas propriedades físico-químicas de argamassas de geopolímero autopolimerizáveis à base de escória de alto-forno granulada moída com cinzas volantes, J. Hazard Mater. 361 (2019) 56-63.

T. Phoo-ngernkham, P. Chindaprasirt, V. Sata, S. Hanjitsuwan, S. Hatanaka, O efeito da adição de nano-SiO2 e nano-Al2O3 nas propriedades do geopolímero de cinzas volantes com elevado teor de cálcio curado à temperatura ambiente, Mater. Des. 55 (2014) 58-65.

A. Karthik, K. Sudalaimani, C.T. Vijaya Kumar, Investigação das propriedades mecânicas do betão biogeopolimérico autopolimerizável à base de escória de alto-forno granulada e cinzas volantes, Construct. Build. Mater. 149 (2017) 338-349.

H. Zhang, P.K. Sarker, Q. Wang, B. He, Z. Jiang, Strength and toughness of ambient-cured geopolymer concrete containing virgin and recycled fibres in mono and hybrid combinations, Construct. Build. Mater. 304 (2021) 124649.

J. Cai, X. Li, J. Tan, B. Vandevyvere, geopolímero à base de cinzas volantes com capacidade de auto-aquecimento para cura acelerada, J. Clean. Prod. 261 (2020) 121119.

D. Junger, M. Liebscher, J. Zhao, V. Mechtcherine, aquecimento Joule como uma abordagem inteligente para melhorar o desenvolvimento de resistência inicial de compósitos de fibra de carbono impregnados de minerais (MCF) feitos com geopolímero, Compos. Appl. Sci. Manuf. 153 (2022) 106750.

J. Tang, X. Liu, X. Chang, X. Ji, W. Zhou, Geopolímero elástico baseado em nanotecnologia: síntese, caraterização, propriedades e aplicações, Ceram. Int. 48 (5) (2022) 5965-5971.

W. Shen, L. Wang, P. Chen, H. Wang, K. Cao, Mitigating autogenous shrinkage of alkali-activated slag mortar by using porous fine aggregates as internal curing agents 14 (16) (2022) 9823.

L. Kobera, R. Slavík, D. Kolouˇsek, M. Urbanova, ' J. Kotek, J. Brus, Estabilidade estrutural de polímeros inorgânicos de aluminossilicato: influência do procedimento de preparação, Ceramics 55 (4) (2011) 343-354.

T. Suwan, M. Fan, Influência da substituição do OPC e dos procedimentos de fabrico nas propriedades do geopolímero auto-curado, Construct. Build. Mater. 73 (2014) 551-561.

T. Suwan, M. Fan, N. Braimah, Libertação interna de calor e desenvolvimento da resistência de geopolímeros auto-curados em condições de cura ambiente, Construct. Build. Mater. 114 (2016) 297-306.

P. Hotˇek, Y.-H. Chang, W.-T. Lin, L. Fiala, R. Cerný, ˇ Potencial de auto-aquecimento de argamassas de geopolímero metashale com pó de grafite, Mater. Today: Proc. 85 (2023) 61-66.

J. Gomis, O. Galao, V. Gomis, E. Zornoza, P. Garc'es, Cimento condutor de auto-aquecimento e de degelo. Estudo experimental e modelação, Construct. Build. Mater. 75 (2015) 442-449.

L. Fiala, M. Petˇríkova, ' W.-T. Lin, L. Podolka, R. Cerný, ˇ Capacidade de autoaquecimento de geopolímeros aprimorada por misturas de negro de fumo em diferentes cargas de tensão, Energias 12 (21) (2019) 4121. M. Petˇríkov 'a, L. Fiala, R. Cerný, ˇ Capacidade de auto-aquecimento do geopolímero com pó de grafite, AIP Conf. Proc. 2275 (1) (2020) 020005.

B. Han, L. Zhang, J. Ou, Self-expanding concrete, em: B. Han, L. Zhang, J. Ou (Eds.), Smart and Multifunctional Concrete towards Sustainable Infrastructures, Springer Singapore, Singapore, 2017, pp. 37-53.

J. Archez, R. Farges, A. Gharzouni, S. Rossignol, Influência da formulação do geopolímero na retração endógena, Construct. Build. Mater. 298 (2021) 123813.

V. Trincal, S. Multon, V. Benavent, H. Lahalle, B. Balsamo, A. Caron, R. Bucher, L. Diaz Caselles, M. Cyr, Mitigação da retração do geopolímero à base de metacaulino ativado por solução de silicato de sódio, Cement Concr. Res. 162 (2022) 106993.

A.M. Rashad, Effect of limestone powder on the properties of alkali-activated materials - a critical overview, Construct. Build. Mater. 356 (2022) 129188.

B. Zhang, H. Zhu, P. Feng, P. Zhang, Uma revisão dos métodos e mecanismos de redução da retração dos sistemas de geopolímeros activados com álcalis: efeitos dos aditivos químicos, J. Build. Eng. 49 (2022) 104056.

Z. Zhang, X. Yao, H. Zhu, Potencial aplicação de geopolímeros como revestimentos de proteção para betão marítimo: I. Propriedades básicas, Appl. Clay Sci. 49 (1) (2010) 1-6.

Y. Yang, Z. Chen, W. Feng, Y. Nong, M. Yao, Y. Tang, Projeto de compensação de retração e mecanismo de pastas de geopolímero, Construct. Build. Mater. 299 (2021) 123916.

S.D. Khadka, P.W. Jayawickrama, S. Senadheera, B. Segvic, Estabilização de solos altamente expansivos contendo sulfato utilizando metacaulino e geopolímero à base de cinzas volantes modificado com cal e gesso, Transport. Geotech. 23 (2020) 100327.

S. Sahoo, S. Prasad Singh, Propriedades de resistência e durabilidade de solos expansivos tratados com geopolímeros e estabilizadores convencionais, Construct. Build. Mater. 328 (2022) 127078.

J. Li, J. Si, F. Luo, C. Zuo, P. Zhang, Y. Sun, W. Li, S. Miao, Geopolímero autocompensador utilizando nanoargila e fibras de basalto cortadas, Construct. Build. Mater. 357 (2022) 129302.

B. Han, L. Zhang, J. Ou, Self-compacting concrete, em: B. Han, L. Zhang, J. Ou (Eds.), Smart and Multifunctional Concrete towards Sustainable Infrastructures, Springer Singapore, Singapore, 2017, pp. 11-36.

TOC-1, Betão Auto-Consolidante (SCC), 2021. [76] M. Thakur, S. Bawa, Self-Compacting geopolymer Concrete: a review, Mater. Today: Proc. 59 (2022) 1683-1693.

F.H. Ahmad Zaidi, R. Ahmad, M.M. Al Bakri Abdullah, S.Z. Abd Rahim, Z. Yahya, L.Y. Li, R. Ediati, Geopolímero como material de betonagem subaquática: uma revisão, Construct. Build. Mater. 291 (2021) 123276.

Paratibha Aggarwal, Rafat Siddique, Y. Aggarwal, S.M. Gupta, Self-compacting concrete - procedure for mix design, Leonardo Electron. J. Pract. Technol. (12) (2008) 15-24.

MurthyN. Krishna, V.s. ReddyM, Mix design procedure for self compacting concrete, IOSR J. Eng. 2 (9) (2012) 33-41.

P. Pradhan, S. Panda, S. Kumar Parhi, S. Kumar Panigrahi, Variação das propriedades frescas e mecânicas do betão geopolimérico autocompactável à base de GGBFS na presença de NCA e RCA, Mater. Today: Proc. 62 (2022) 6348-6358.

P. Pradhan, S. Panda, S. Kumar Parhi, S. Kumar Panigrahi, Effect of critical parameters on the fresh properties of Self Compacting geopolymer concrete, Mater. Today: Proc. 62 (2022) 6325-6335.

S.K. Rahman, R. Al-Ameri, Um betão de geopolímero autocompactável recentemente desenvolvido em condições ambientais, Construct. Build. Mater. 267 (2021) 121822.

M.E. Güls¸an, R. Alzeebaree, A.A. Rasheed, A. Nis¸, A.E. Kurtoglu, ˘ Desenvolvimento de betão geopolimérico autocompactante à base de cinzas volantes/escória utilizando nano-sílica e fibra de aço, Construct. Build. Mater. 211 (2019) 271-283.

M.M. Al-mashhadani, O. Canpolat, Y. Aygormez, ¨ M. Uysal, S. Erdem, Mechanical and microstructural characterization of fiber reinforced fly ash based geopolymer composites, Construct. Build. Mater. 167 (2018) 505-513.

D.G. Velrajkumar, R. Muralikrishnan, A. Mohan, R. Bala Thirumal, P. Naveen John, Performance of GGBFS and silica fume on self compacting geopolymer concrete using partial replacements of R-Sand, Mater. Today: Proc. 59 (2022) 909-917.

G.F. Huseien, K.W. Shah, Durabilidade e avaliação do ciclo de vida do betão auto-adensável contendo cinzas volantes como substituição de GBFS com ativação alcalina, Construct. Build. Mater. 235 (2020) 117458.

H.L. Muttashar, M.A.M. Ariffin, M.N. Hussein, M.W. Hussin, S.B. Ishaq, Betão geopolimérico autocompactante com granada gasosa como substituto da areia, J. Build. Eng. 15 (2018) 85-94. N.V. K, DLV Babu, Avaliando o desempenho da molaridade e da razão do ativador alcalino nas propriedades de engenharia do concreto ativado alcalino autocompactante à temperatura ambiente, J. Build. Eng. 20 (2018) 137-155.

B. Han, L. Zhang, J. Ou, Self-sensing concrete, em: B. Han, L. Zhang, J. Ou (Eds.), Smart and Multifunctional Concrete towards Sustainable Infrastructures, Springer Singapore, Singapore, 2017, pp. 81-116.

M. Abedi, R. Fangueiro, A. Gomes Correia, Uma revisão dos compósitos cimentícios intrínsecos auto-sensíveis e perspectivas da sua aplicação em infra-estruturas de transportes, Construct. Build. Mater. 310 (2021) 125139.

W. Li, W. Dong, Y. Guo, K. Wang, S.P. Shah, Advances in multifunctional cementitious composites with conductive carbon nanomaterials for smart infrastructure, Cement Concr. Compos. 128 (2022) 104454.

R.K. Rao, S. Sasmal, compósito de cimento inteligente com nanoengenharia para monitorização baseada na impedância eléctrica da progressão da corrosão em estruturas, Cement Concr. Compos. 126 (2022) 104348. T. Huang, Z. Sun, Avanços em compósitos multifuncionais de grafeno-geopolímero, Construct. Build. Mater. 272 (2021) 121619.

S. Wen, D.D.L. Chung, O papel da condução eletrónica e iónica na condutividade eléctrica do cimento reforçado com fibra de carbono, Carbon 44 (11) (2006) 2130-2138.

E. García-Macías, A. Downey, A. D'Alessandro, R. Castro-Triguero, S. Laflamme, F. Ubertini, Modelo de circuito fixo melhorado para sensores inteligentes baseados em cimento nanocompósito sob condições de carga compressiva dinâmica, Sensor Actuator Phys. 260 (2017) 45-57.

P. Xie, P. Gu, J.J. Beaudoin, Fenómenos de percolação eléctrica em compósitos de cimento contendo fibras condutoras, J. Mater. Sci. 31 (15) (1996) 4093-4097.

Y. Cui, Y. Wei, Efeito termoelétrico "iónico-eletrónico" misto de compósitos à base de cimento reforçados com óxido de grafeno reduzido, Cement Concr. Compos. 128 (2022) 104442.

C. Lamuta, S. Candamano, F. Crea, L. Pagnotta, Direct piezoelectric effect in geopolymeric mortars, Mater. Des. 107 (2016) 57-64.

M. Di Mare, C. Ouellet-Plamondon, The effect of composition on the dielectric properties of alkali activated materials: a next generation dielectric ceramic, Mater. Today Commun. 32 (2022) 104087.

M. Siahkouhi, G. Razaqpur, N.A. Hoult, M. Hajmohammadian Baghban, G. Jing, Utilização de nanotubos de carbono (CNT) em betão para fins de monitorização da saúde estrutural (SHM): uma revisão, Construct. Build. Mater. 309 (2021) 125137.

M.S. Konsta-Gdoutos, C.A. Aza, Compósitos cimentícios de nanotubos de carbono (CNT) e nanofibras (CNF) com auto-sensorização para avaliação de danos em tempo real em estruturas inteligentes, Cement Concr. Compos. 53 (2014) 162-169.

W. Li, F. Qu, W. Dong, G. Mishra, S.P. Shah, Uma revisão abrangente sobre compósitos de grafeno/cimento auto-sensíveis: um caminho para o betão inteligente da próxima geração, Construct. Build. Mater. 331 (2022) 127284.

C. Vlachakis, M. Perry, L. Biondi, Materiais auto-sensíveis activados por álcalis, Revisão 10 (10) (2020) 885.

G.H. Nalon, R.F. Santos, G.E.S.d. Lima, I.K.R. Andrade, L.G. Pedroti, J.C.L. Ribeiro, J.M. Franco de Carvalho, Reciclagem de materiais residuais para a produção de betões auto-sensíveis para estruturas inteligentes e sustentáveis: uma revisão, Construct. Build. Mater. 325 (2022) 126658.

Z. Su, W. Hou, Z. Sun, Recent advances in carbon nanotube-geopolymer composite, Construct. Build. Mater. 252 (2020) 118940.

S.J. Chen, F.G. Collins, A.J.N. Macleod, Z. Pan, W.H. Duan, C.M. Wang, Compósitos de nanotubos de carbono-cimento: um retrospeto, IES J. Part A Civ. Struct. Eng. 4 (4) (2011) 254-265.

S. Bi, M. Liu, J. Shen, X.M. Hu, L. Zhang, desempenho ultra-alto de auto-sensorização de nanocompósitos de geopolímero através de engenharia de interface única, ACS Appl. Mater. Interfaces 9 (14) (2017) 12851-12858.

M. Saafi, K. Andrew, P.L. Tang, D. McGhon, S. Taylor, M. Rahman, S. Yang, X. Zhou, Propriedades multifuncionais de nanocompósitos geopoliméricos de nanotubos de carbono/cinzas volantes, Construct. Build. Mater. 49 (2013) 46-55.

C. Vlachakis, M. Perry, J. McAlorum, revestimentos auto-sensíveis ativados por álcalis impressos em 3D para infraestrutura civil, em: 2021 IEEE International Instrumentation and Measurement Technology Conference (I2MTC), 2021, pp. 1-5.

M. Davoodabadi, M. Liebscher, M. Sgarzi, L. Riemenschneider, D. Wolf, S. Hampel, G. Cuniberti, V. Mechtcherine, Deteção de ácido sulfúrico de nanotubos de carbono de parede simples incorporados em materiais alcalinos activados, Compos. B Eng. (2022) 110323.

C. Mizerova, ' I. Kusak, ' L. Topol' aˇr, P. Schmid, P. Rovnaník, Propriedades de auto-sensorização do geopolímero de cinzas volantes dopado com negro de fumo sob compressão 14 (16) (2021) 4350.

A. D'Alessandro, D. Coffetti, E. Crotti, L. Coppola, A. Meoni, F. Ubertini, Propriedades auto-sensoras de ligantes verdes activados por álcalis com nanoinclusões à base de carbono 12 (23) (2020) 9916.

P. Rovnaník, I. Kus' ak, P. Bayer, P. Schmid, L. Fiala, Propriedades eléctricas e de auto-sensorização do compósito de escória ativado por álcalis com enchimento de grafite 12 (10) (2019) 1616.

M. Gorski, ' P. Czulkin, N. Wielgus, S. Boncel, A.W. Kuziel, A. Kolanowska, R.G. Jędrysiak, Propriedades elétricas do geopolímero reforçado com nanotubos de carbono estudadas por impedância, Espectroscopia 15 (10) (2022) 3543.

Y. Ma, W. Liu, J. Hu, J. Fu, Z. Zhang, H. Wang, Otimização da piezoresistividade da argamassa de cinzas volantes/escória activada com álcalis utilizando agregados condutores e fibras de carbono, Cement Concr. Compos. 114 (2020) 103735.-472.

Printed by Books on Demand GmbH, Norderstedt / Germany